Marco Nolte

Entwicklung eines CAN-Bus-Adapters für spezielle Anforderungen zur Fahrzeuganbindung

Marco Nolte

Entwicklung eines CAN-Bus-Adapters für spezielle Anforderungen zur Fahrzeuganbindung

www.europäischer-hochschulverlag.de

Nolte, Marco
Entwicklung eines CAN-Bus-Adapters für spezielle Anforderungen zur Fahrzeuganbindung

1. Auflage 2009
ISBN: 978-3-941482-44-9

www.europäischer-hochschulverlag.de

Die Deutsche Bibliothek verzeichnet diesen Titel in der Deutschen Nationalbibliografie. Bibliografische Daten sind unter http://dnb.ddb.de abrufbar.

EUROPÄISCHER
HOCH
SCHUL
VERLAG

Gliederung

1 Einleitung

Diese Arbeit beschäftigt sich mit der Entwicklung eines Adapters, der den nachträglichen Einbau von elektronischen Geräten in Fahrzeugen mit CAN-Bus-Technik ermöglichen soll.

Es entspricht dem Wesen der CAN-Bus-Technik, dass nachträgliche Veränderungen am Fahrzeug nur mit der exakten Kenntnis der Datenstruktur möglich sind. So findet man in vielen aktuellen Fahrzeugen keinen geschalteten Zündstrom mehr, wie er früher in der Fahrzeugelektrik über Klemme 15 oder der Schaltung ACC[1] abgegriffen werden konnte. Vielmehr ist die Stellung des Zündschlüssels bzw. die Information „Zündung an" lediglich als Dateninformation am CAN-Bus zu finden. Es ist anzunehmen, dass auch weiterhin ein Markt für Zubehörelektronik existieren wird, wie z.B. Alarmsysteme, Navigationssysteme, Freisprecheinrichtungen oder ähnlichen Geräten. Der Verbau dieser Geräte ist künftig nur dann in einem wirtschaftlich vertretbaren Rahmen möglich, wenn entsprechende Adaptionen den Einbau erleichtern. Bei entsprechender Produktgestaltung kann gegenüber dem Ist-Zustand sogar eine Verbesserung eintreten, wenn beim Einbau der direkte Datenabgriff am CAN-Bus aufwändige Eingriffe an unterschiedlichen Kabelsträngen des Fahrzeugs erspart.

Der im Rahmen dieser Diplomarbeit entwickelte CAN-Bus-Adapter für spezielle Anforderungen der Fahrzeuganbindung soll neben der einwandfreien technischen Funktionalität auch eine deutliche Reduzierung des derzeitigen Einbauaufwands sicherstellen.

---

[1] ACC (engl., accessory): Übersetzt Zubehör. ACC schaltet die Zubehörverbrauche (z.B. Lüftung, Radio etc.) ein

2 Daten-Bus-Systeme

2.1 Grundlagen und Anwendungsmöglichkeiten

Die an das Fahrzeug gestellten Ansprüche in puncto Fahrsicherheit und Komfort, sowie die steigenden gesetzlichen Anforderungen an die Umweltverträglichkeit der Kraftfahrzeuge, lassen den Anteil der Elektronik kontinuierlich steigen. Die Anzahl der Steuergeräte ist deshalb in den letzten beiden Jahrzehnten enorm gestiegen. Durch die Notwendigkeit des Informationsaustausches untereinander bzw. die Möglichkeit, Sensoreninformationen an verschiedene Steuergeräte weiterzuleiten, ist es erforderlich geworden, sich über die Verkabelung bzw. Vernetzung im Fahrzeug Gedanken zu machen.

Zum Beispiel stellt die Vernetzung von Steuergeräten zur Regelung von Motor, Getriebe, Fahrwerk und Bremsen eine hohe Anforderung an die Leistungsfähigkeit des Kommunikationssystems dar. Typisch sind Abläufe im festen Zeitraster mit Zykluszeiten von jeweils wenigen Millisekunden. So folgen die Zündimpulse bei einem Sechszylindermotor und einer Motordrehzahl von 6000 min^{-1} mit einem zeitlichen Abstand von 3,3 Millisekunden aufeinander (*Abbildung 2.1.1*). Zur Datenübertragung für die zylinderselektive Bestimmung der Zündzeitpunkte und der Einspritzmengen steht gar nur ein Bruchteil dieser Zeit zur Verfügung. Dieselbe Vorgabe gilt auch für die sogenannte Latenzzeit[2].

[2] Latenzzeit ist die Zeit von einer Sendeanforderung bis zum korrekten Empfang der Daten.

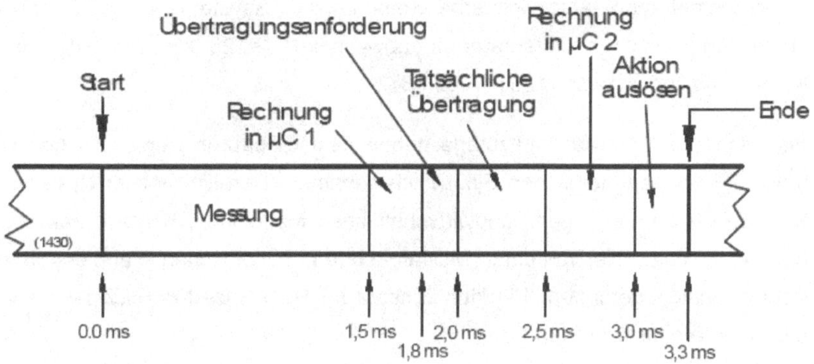

Abbildung 2.1.1: *Zeitdiagramm für Motorsteuerung* [Eng02]
Erklärung: µC1 / µC2 bedeutet Microcontroller 1 / Microcontroller 2

Konventionell verdrahtet hat ein Mittelklassefahrzeug heute bereits über 1000 Steckverbindungen mit mehr als 1000 m Leitungen. CAN dagegen tauscht alle Informationen aller angeschlossenen Systeme über nur eine logische Leitung aus!

Am Beispiel eines Navigationssystems lässt sich die Ersparnis verdeutlichen: Wurden bisher jeweils eine Leitung für Eingang Zündung, Displaybeleuchtung, Rückwärtsgang, Tachosignal etc. benötigt, so reicht nun lediglich die CAN-Bus-Leitung aus, um alle Signale zu liefern.

Mit CAN lassen sich übergeordnete, von mehreren Steuergeräten getragene Funktionen technisch und wirtschaftlich effizient realisieren. CAN bietet mit seinen Fehlererkennungsmaßnahmen (z.B. bei Bitfehlern) hohe Funktionssicherheit für die Kommunikation sowie netzweite Konsistenz der Daten. Genauer wird hierauf im Kapitel *3.5.3* eingegangen.

Hinzu kommt die Anwendung im Karosseriebereich. So werden zum Beispiel Anzeigen, Beleuchtung, Zugangsberechtigung mit Diebstahlwarneinrichtungen, Sitz- und Spiegelverstellung, Klimaregelung und Scheibenwischer miteinander vernetzt.

Auf Grund des unterschiedlichen Einsatzbereiches (Multiplexverkabelung[3], zeitkritischer Datenaustausch zwischen Steuergeräten im Bereich des Antriebsstrangs)

[3] Unterschiedliche Daten teilen sich einen Datenleitung

unterscheidet man fahrzeuginterne Kommunikationssysteme entsprechend den hierfür erforderlichen Datenraten in Low-Speed- (<125 kB) und High-Speed-Kommunikationssyteme (125 – 1000 kB).

Insbesondere CAN hat heutzutage neben dem Einsatz in Personen- und Nutzfahrzeugen einen vielfältigen Einsatz im gesamten Bereich mobiler Systeme wie zum Beispiel in Aufzügen, landwirtschaftlichen Maschinen, Kränen, Fahrzeugen des öffentlichen Nahverkehrs, Müllfahrzeugen, militärischen Fahrzeugen oder Baumaschinen gefunden. Für den Einsatz im High-Speed-Bereich ist CAN der einzige internationale Standard.

- Die Problematik stellt sich zusammengefasst folgendermaßen dar:
  - Mit den Anforderungen an Fahrsicherheit, Komfort und Umweltverträglichkeit wächst auch die Anzahl der Steuergeräte, welche in einem Fahrzeug heutzutage verbaut werden.
  - Für viele Funktionen ist die Koordination zwischen den elektronischen Steuergeräten erforderlich.
  - Der Datenaustausch mit herkömmlicher Kabeltechnik stößt an die Grenze des Machbaren, da Kupferleitungen Platz benötigen und ein hohes Gewicht mit sich bringen.
- Lösung:
  - Die Steuergeräte werden durch ein Kommunikationssystem vernetzt, welches in der Lage ist, den notwendigen Datenaustausch durchzuführen.

[Bos99, Ets94]

2.2 Netzwerke

- einem Netzwerk sind alle Teilnehmer durch eine Datenleitung miteinander verbunden und können Informationen austauschen
- es gibt drei Hauptgruppen, die nach ihrer Ausdehnung aufgeteilt sind
  - LAN (Local Area Network)
  - MAN (Metropolitan Area Network)
  - WAN (Wide Area Network)
- für uns relevant: Das LAN
  - Das LAN ist ein örtlich begrenztes System, kann sich aber auch über mehrere Kilometer erstrecken.
  - Der CAN-Bus zählt zu den LAN-Netzen
- die Topologie definiert die Anordnung der Komponenten (Knoten), Kabel und Kopplungselemente innerhalb eines Netzwerks
- die wichtigsten Topologien stellen Stern-, Ring- und Bustopologie dar

[Eng02]

2.2.1 Stern-Topologie

Bei Stern-Topologien sind alle Geräte an einem zentralen Verteiler (Sternkoppler, Multiportbridge,...) angeschlossen. Der Verteiler empfängt Signale und leitet die Signale an das richtige Zielgerät weiter. Sternverteiler können so miteinander verbunden werden, dass sie eine Baum-Topologie bzw. eine hierarchische Topologie bilden.

Eine physikalische Stern-Topologie wird häufig als eine logische Bus- oder Ring-Topologie implementiert.

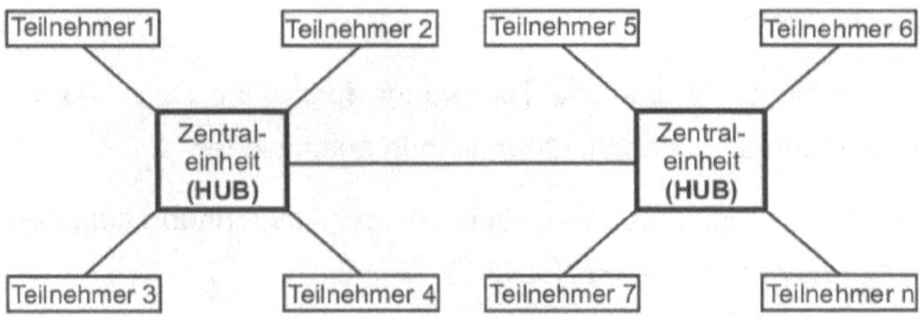

Abbildung 2.2.1: *Schema der Stern-Topologie* [Eng02]

Der Vorteil der Stern-Topologie ist, dass bei Ausfall eines Teilnehmers keine weitere Störung im Netzwerk auftritt.

Von Nachteil jedoch ist, dass bei Ausfall der Zentraleinheit keine Kommunikation mehr möglich ist. Jeder Teilnehmer muss mit der Zentraleinheit verbunden sein, was einen hohen Kabelaufwand erfordert. Praktische Anwendung der Stern-Topologie ist die Bürokommunikation, bei der mehrere Terminals an einen Rechner angeschlossen sind.

2.2.2 Ring-Topologie

Wie der Name andeutet, sind in der Ring-Topologie alle Teilnehmer ringförmig, also in Serie, miteinander verbunden. Jeder Teilnehmer verfügt über einen Sender (T=Transmitter) und einen Empfänger (R=Receiver).

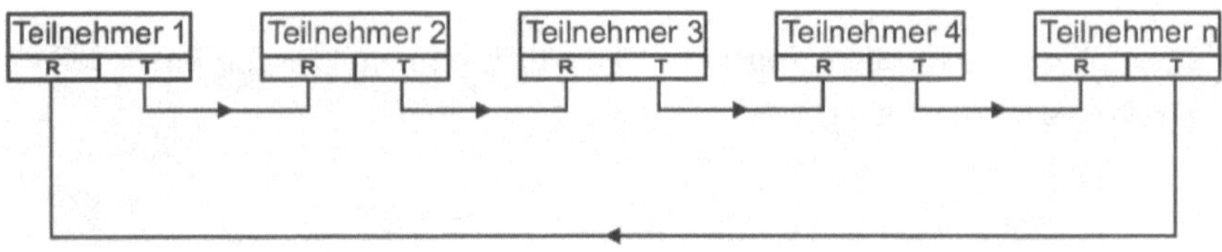

Abbildung 2.2.2: *Schema der Ring-Topologie* [Eng02]

Die einzelnen Teilnehmer kennen lediglich den nächsten Teilnehmer, sodass der Datenaustausch von einem Teilnehmer zum nächsten Teilnehmer stattfindet. Die Daten werden solange weitergereicht, bis sie den Empfänger erreicht haben.

Der Vorteil gegenüber der Stern-Topologie ist der verminderte Kabelaufwand.

Der Nachteil ist, dass beim Ausfall eines Teilnehmers die Kommunikation unterbrochen wird.

2.2.3 Bus-Topologie

Die Stern-Topologie bildet ein Master-Slave-System[4], wobei der jeweilige Sternpunkt der Master ist und die Teilnehmer Slaves sind. Bei der Ring-Topologie ist das Übertragungsmedium (Datenleitung) geschlossen. Der Sendeknoten ist für den Zeitraum seiner Sendefunktion als Master und die Teilnehmer als Slaves geschaltet.

Um eine möglichst einfache Zusammenschaltung der Kommunikationsteilnehmer zu realisieren, wurde als weitere Netzwerkvariante die Bus-Topologie entwickelt. Bei der Bus-Topologie ist das Übertragungsmedium offen. Alle Teilnehmer (Netzknoten) sind an einer gemeinsamen Datenleitung (Busleitung oder manchmal auch Backbone[5]) angeschlossen. An den Enden der Datenleitung werden Abschlusselemente in Form von Widerständen angebracht.

4 Master agiert, Slave reagiert oder auch Master sendet, Slave empfängt und verwertet
5 Backbone bedeutet übersetzt „Rückgrad“

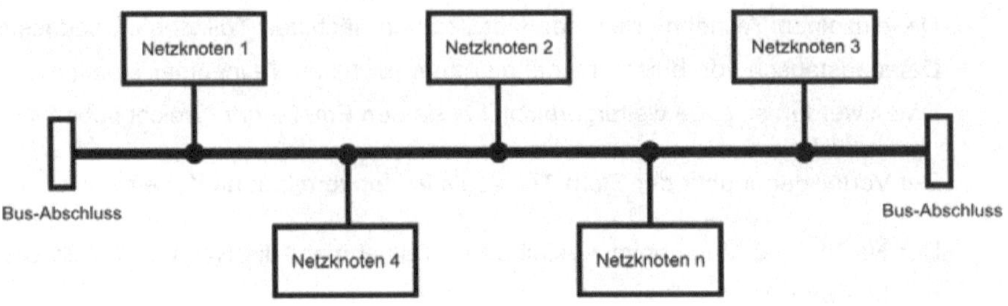

Abbildung 2.2.3: *Schema der Bus-Topologie* [Eng02]

Bei Bus-Netzwerken werden alle Signale gleichzeitig durch das gesamte Netzwerk gesendet und an den Abschlusselementen (Endwiderstände) des Busses vernichtet. Man sieht dabei sofort, dass sich alle Teilnehmer diesen Bus teilen und alle Nachrichten, die auf dem Bus übertragen werden, jeden Teilnehmer erreichen.

Vorteil dieser Topologie ist, dass es keine Störung des Netzwerkes gibt, sofern ein Teilnehmer ausfällt. Ferner sind die Verkabelungskosten gegenüber Stern- und Ring-Topologie geringer. Dadurch, dass alle Nachrichten über den gesamten Bus laufen, kann das System leicht erweitert werden, denn ein zusätzlicher Teilnehmer kann an beliebiger Stelle angeschlossen werden. Mit Steigen der Teilnehmerzahl erhöht sich jedoch auch die Bus-Belastung.

Nachteil dieser Topologie ist die komplizierte Fehlersuche im Netzwerk, da ein Kabelbruch einen Netzwerkausfall bewirkt.

Da bei unserer Anwendung die Bus-Topologie genutzt wird, werden die Merkmale nochmals zur Verdeutlichung aufgeführt:

- Die Signalausbreitung erfolgt in beide Richtungen. Zur Vermeidung von Leitungsreflexionen sind die Leitungsenden mit einem Abschlusswiderstand[6] abgeschlossen (siehe auch 3.4.1).

- Es ist immer ein Netzknoten als Sender aktiv. Das Bus-Protokoll regelt den Zugriff auf den Bus, um Kollisionen zu vermeiden.

- Die Nachricht, welche auf dem Bus befindlich ist, wird von allen Teilnehmern empfangen. Ein oder mehrere Empfänger entscheiden, ob sie die Botschaft verwerten.

- Neue Teilnehmer lassen sich durch einfaches Parallelschalten einfügen. Vorhandene Teilnehmer lassen sich meist problemlos abschalten.

- Die Anzahl der Botschaften und deren Zykluszeiten bestimmen die Busauslastung und somit eine Einschränkung der Teilnehmerzahl.

- Aufgrund der Signalgeschwindigkeit im Leiter (z.B. Kupferleiter mit 20 cm/ns) ergibt sich eine Beschränkung der Buslänge und eine weitere Begrenzung der Teilnehmerzahl.

- Ein Bussystem bildet eine Multimaster-Struktur[7].

- Konkurrierender Buszugriff (zwei oder mehr Knoten wollen gleichzeitig Daten übertragen) führt zu keinem Problem, da bei CAN eine bitweise Busarbitrierung (siehe auch 3.5.1) erfolgt.

- Max. Netzwerklänge bei Autobus:
    - 40 m bei 1000 kBit/s
    - 400 m bei 100 kBit/s

[6] dieser hat die Wertigkeit des Wellenwiderstands der Leitung
[7] jeder Teilnehmer kann Master oder Slave sein, je nachdem ob er als Sender oder Empfänger geschaltet ist

- Anzahl der Teilnehmer bei Autobus:
    - typisch 10 - 32 pro Teilnetz

- Teilnetz-Struktur im Automobilbereich (Teilnetze für verschiedene Funktionsbereiche)

[Eng02, Law94, Ets94]

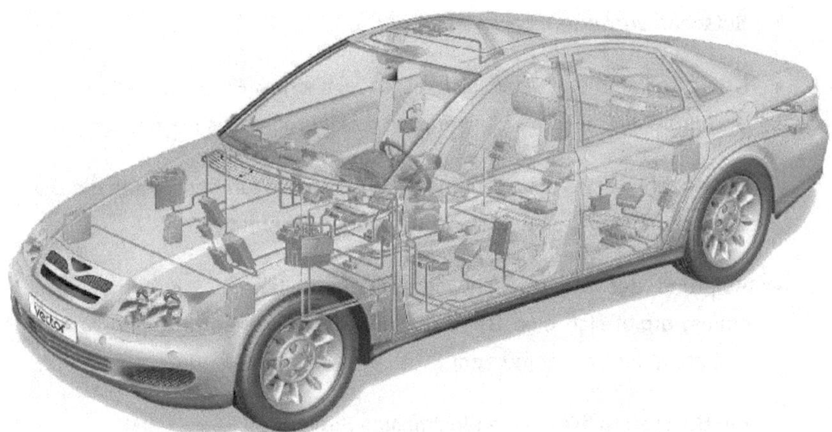

Abbildung 2.2.4: *CAN-Bus-Netzwerk in einem heutigen Kfz* [Vec06]

2.3 Referenzmodell der Datenkommunikation

Basis für die Beschreibung von Kommunikationssystemen ist heute allgemein das von der ISO[8] entwickelte Modell der Datenkommunikation OSI[9]. Ausgehend von diesem Modell wurden von der ISO und dem IEEE[10] internationale Standards verabschiedet, die Basis für eine offene Kommunikation im Büro- sowie im industriel-

[8] International Standardization Organization
[9] Open-Systems-Interconnection
[10] Institute of Electrical and Electronic Engineers

len Bereich sind. Im OSI-Modell werden Datenkommunikationssysteme in Form eines Schichtenmodells, bestehend aus sieben unterschiedlichen Funktionsbereichen (Schichten, Ebenen, Layers) beschrieben. Hierdurch wird die komplexe Gesamtaufgabe der Datenkommunikation in übersichtliche, aufeinander aufbauende Funktionsbereiche (Schichten) aufgeteilt. In jeder Schicht existieren Instanzen (Arbeitseinheiten, Entities) welche die schichtenspezifischen Leistungen erbringen. Die Dienste (Services) einer Instanz werden der jeweils darüber liegenden Schicht über Dienstzugangspunkte (Service Access Points, SAPs) zur Verfügung gestellt (*Abbildung 2.3.1*). Eine Instanz kommuniziert logisch mit einer Partnerinstanz (Peer Entity), d.h. einer Instanz gleicher Ebene in einem entfernten System. Dies geschieht durch den Austausch von Protokolldateneinheiten (Protocol Data Units, PDUs). Realisiert wird der Austausch von PDUs durch die Inanspruchnahme der Dienste der darunter liegenden Schichten. Die Kommunikation zwischen Partnerinstanzen wird durch Protokolle geregelt. Unter einem Protokoll versteht man einen Satz von Regeln für den Austausch von Informationen sowie deren Wirkung im entfernten System. Der Transport von PDUs erfolgt in der Weise, dass eine Instanz eine von der übergeordneten Instanz übernommene PDU um eigene, für die Partnerinstanz bestimmte Kontrollinformationen ergänzt und zur weiteren Bearbeitung an die untergeordnete Instanz weitergibt. Im entfernten System wertet jede Instanz die für sie bestimmte Kontrollinformation aus und gibt den Rest der PDU an die übergeordnete Instanz weiter.

Da das OSI-Modell der Datenkommunikation alle Formen der Kommunikation beschreibt, sind bei einfacheren Kommunikationssystemen nicht alle Funktionalitäten (Schichten) des OSI-Modells erforderlich. Das Modell kann also auch leere Schichten enthalten. Für die Kommunikation in der Automatisierungstechnik im Allgemeinen nicht relevant sind z.B. die Aufgaben der Wegsuche (Routing) durch ein Netz oder der Aufbau von Verbindungen über mehrere Teilnetze hinweg.

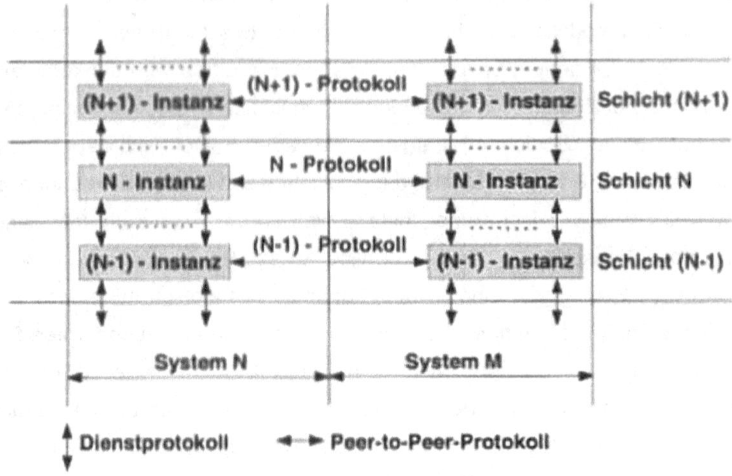

Abbildung 2.3.1: *Austausch von Protokolldateneinheiten zwischen Partnerinstanzen im Schichtenmodell der Datenkommunikation* [Ets94]

Aus diesem Grund sind für die Datenkommunikation im Automatisierungsbereich und insbesondere im Feldbereich, also auch im CAN-Bus-Bereich, im Allgemeinen lediglich drei Schichten relevant. Diese sind die Physikalische Schicht (Schicht 1), die Datensicherungsschicht (Schicht 2) und die Anwendungsschicht (Schicht 7) (*Abbildung 2.3.2*).

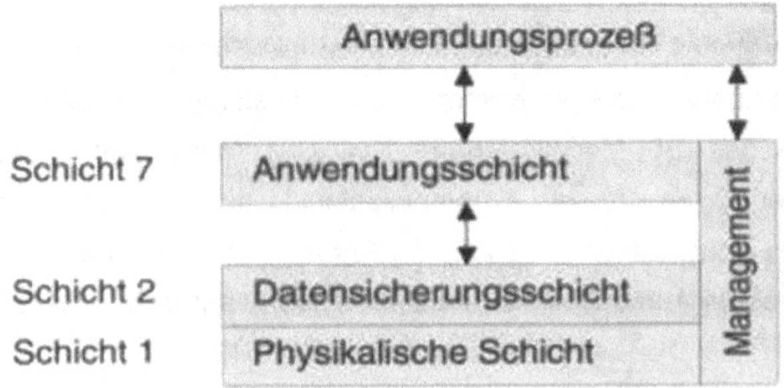

Abbildung 2.3.2: *Schichtenmodell der Datenkommunikation für die Automatisierungstechnik* [Ets94]

Die Reduktion der Protokolle auf den tatsächlich erforderlichen Funktionsumfang erhöht die Effizienz eines Protokolls, erleichtert damit die Erfüllung höherer Echtzeitanforderungen und ist somit vor allem für Feldbussysteme wichtig. Erforderliche Teilfunktionen von nicht abgebildeten Schichten werden in Feldbuskonzepten deshalb im Allgemeinen den vorhandenen Schichten zugeordnet.

Im Besonderen gilt dies für die auch für Feldbussysteme erforderliche Festlegung von Regeln für die Informationsdarstellung (Codierung), welche im OSI-Modell eigentlich der Schicht-6 zugeordnet ist. Diese Funktion wird im 3-Schichtenmodell üblicherweise als Teilfunktion der Anwendungsschicht realisiert.

Die wichtigsten Aufgaben der für die Datenkommunikation im Feldbereich relevanten Schichten sind im Folgenden erläutert.

- **Physikalische Schicht (Physical Layer, Schicht 1)**

Über die physikalische Schicht werden die elektrischen, mechanischen, funktionalen und prozeduralen Parameter der physikalischen Verbindung zwischen Teilnehmerstationen (Netzknoten) festgelegt. Über die Festlegungen der Schicht 1 werden somit alle, für die physikalische Übertragung des Bitstroms erforderlichen Vereinbarungen getroffen. Die Schicht 1 wird deshalb auch manchmal als Bitübertragungsschicht bezeichnet.

- **Datensicherungsschicht (Data Link Layer, Schicht 2)**

Über die Festlegungen der Schicht 2 wird die Datenübertragung zwischen zwei "benachbarten"[11] Teilnehmern geregelt. Wichtigste Aufgaben dieser Schicht sind Fehlererkennung, Fehlerbehebung und Flusskontrolle. Die zu übertragende Infor-

[11] bedeutet, dass sich die Teilnehmer (Netzknoten) im selben Netz befinden, also keine Datenübertragung über mehrere Netze hinweg erfolgt

mation wird hierzu im Allgemeinen in Blöcke geeigneter Längen (Frames) unterteilt und mit einem Fehlersicherungscode versehen, der eine Fehlererkennung ermöglicht.

Die Fehlerbehebung erfolgt im Allgemeinen durch Wiederholung der Übertragung. Aufgabe der Schicht 2 kann auch die Flusskontrolle, d.h. die Anpassung der Geschwindigkeit des Senders an die des Empfängers sein. Bei Bussystemen wird als weitere Aufgabe die Regelung des Buszugriffs (Media Access and Control, MAC) als Schicht 2a unterschieden, während in der darüber liegenden Schicht 2b (Logical Link Control, LLC), die vom Medienzugriff unabhängigen Funktionen zusammengefasst sind.

- **Anwendungsschicht (Application Layer, Schicht 7)**

Über die Dienste der Anwendungsschicht werden grundsätzliche Anwendungen von Kommunikationssystemen bereitgestellt, die allgemein verwendet werden können, sowie kommunikationsbezogene Grundfunktionen, die vielen Anwendungen gemeinsam sind (z.B. Aufbau und Abbau von Verbindungen). Das für die Automatisierungstechnik wichtigste Anwendungsprotokoll für die Vernetzung von Rechnern ist das innerhalb von MAP (Manufacturing Automation Protocol) definierte MMS-Protokoll (Manufacturing Message Specification). MMS spezifiziert z.B. Dienste für das Lesen und Schreiben von Variablen, das Laden von Programmen und Konfigurationsdaten oder das Starten und Stoppen von Programmen. Neben den, in den verschiedenen Schichten des OSI-Modells beschriebenen kommunikationsbezogenen Funktionen erfordert der Betrieb eines Kommunikationssystems auch eine Anzahl von organisatorischen Funktionen. Zur Abbildung dieser, unter dem Begriff "Netzwerkmanagement" zusammengefassten Aufgaben, wird das ursprüngliche OSI12 Modell in allen Schichten durch einen Funktionsbereich für Managementfunktionen ergänzt (*Abbildung 2.3.2*). Diese Funktionen dienen im Bereich der unteren Schichten z.B. zur Einstellung von schichtenspezifischen Betriebsparametern, zur Konfiguration von Betriebsarten, zur Teilnehmerüberwachung sowie zur schichtenbezogenen Fehlererfassung und Fehlermeldung an den Anwendungsprozess.

2.4 Anforderungen an ein Datenbus-System für Kfz

Der rasante technische Fortschritt im Bereich der integrierten Schaltungen bildete zugleich Basis und Vorraussetzung für die stürmische Entwicklung in der Informationsverarbeitung. Der Einsatz serieller Bussysteme an Stelle konventioneller Verbindungstechniken gewährleistet einerseits eine höhere Flexibilität von Systemen in Bezug auf Änderungen und Erweiterungen und eröffnet andererseits in vielen Bereichen der industriellen Automatisierung ein erhebliches Potential zur Reduktion des Aufwandes für Projektierung und Installation.

In dieser Situation stießen zu den bereits vorhandenen Angeboten an verschiedenen Feldbus- und Sensor-/Aktorbus-Protokollen die sogenannten „Autobus"-Netzwerke, dabei allen voran CAN-Bus. CAN wurde in seinen wesentlichen Eigenschaften durch die Robert Bosch GmbH für die Anwendung im Auto entwickelt. Die Autobusprotokolle wurden seit Anfang der 80er Jahre bei Automobilherstellern, deren Zulieferern und den Halbleiterherstellern entwickelt. Ziel war die echtzeitkritische, hochleistungsfähige und robuste sowie preisgünstige Kommunikation zwischen Steuergeräten, wie Motorsteuerung, Getriebesteuerung, Bremsen, etc. Dabei wurde aber auch der weniger zeitkritische Einsatz im Karosseriebereich zur Verbindung von Schaltern, Lampen, Motoren für Spiegelverstellung, Sitzverstellung, Klimasensorik und –aktuatorik, etc. gesehen. Hinzu kam die Anforderung an die Sicherheit der Datenübertragung in einer von elektromagnetischen Störungen geprägten Umgebung. Bald erkannte man, dass für diese Kriterien kein auf dem Markt verfügbares Protokoll geeignet war, und so entstand im Jahr 1983 CAN als einer der ersten Autobusse. Heute wird kaum ein Fahrzeug ohne CAN-Bus gefertigt.

Folgende Anforderungen wurden damals zunächst gestellt:

- Hohe Sicherheit gegen elektromagnetische Störungen
- Echtzeitfähigkeit für schnelle Vorgänge, z.B. Zündung, ABS...
- Hohe Zuverlässigkeit
- niedrige Kosten für Serienanwendungen

[Ets94, Law94]

Zukünftige Anforderungen an Bussysteme im Kraftfahrzeug

In zukünftigen Kraftfahrzeugen werden mehrere Bussysteme vorhanden sein. Die wichtigsten Kriterien an diese Bussysteme sind in der *Tabelle 2.4.1* aufgelistet.

	Diagnose	Karosserie- und Komfort-Elektronik	Motor und Getriebe	Mobile Kommunika-tion
Datenrate	< 10 kBit/s	< 125 kBit/s	< 1 MBit/s	> 1 MBit/s
Latenzzeiten	einige 50 ms	einige 100 ms	einige ms	einige 10 ms
Schnittstelle	einfache Hardware	einfache Hardware	optimiert bzgl. HF-Gesichts-punkten	optimiert bzgl. HF-Gesichts-punkten

Tabelle 2.4.1: *CAN-Bus Anwendungen im Kraftfahrzeug* [Eng02]

- **Diagnose-Bus**

Fehlersuche im herkömmlichen Sinne ist in einem vernetzten Kfz nicht mehr möglich. Dem Service muss ein Diagnosesystem zur Verfügung gestellt werden, das eine schnelle und kostengünstige Fehlersuche erlaubt.
Mit dem Diagnose-Bus (on-Board Diagnose) wird in Zukunft dem Servicetechniker ein Hilfsmittel zur Verfügung gestellt, welches diese Forderungen erfüllt.
Die Datenrate von einigen 10 kBit/s reicht aus, da die Fehler sporadisch bzw. lediglich in der Werkstatt abgefragt werden.

- **Karosserie- und Komfortelektronik-Bus (auch Innenraum-Bus)**

  ➔ für uns relevanter Bus

Zu diesem CAN-Bus-System zählen die Steuergeräte für die Beleuchtung, Sitz-, Spiegel- und Schiebedachverstellung. Die Klimaregelung, Brems- und Rücklichter werden ebenfalls über diesen Bus geregelt. Die Datenrate <125 kBit/s reicht ebenfalls aus. Für den Fahrer des Kfz ist es unerheblich, ob z.B. sich das Fenster erst nach 30 oder 50 ms öffnet. Verzögerungszeiten <100 ms werden vom Menschen nicht registriert.

- **Motor- und Getriebe-Bus**

Die Steuergeräte für die Motorsteuerung, Getriebesteuerung, das Antiblockiersystem, Antischlupfregelung und Fahrwerksregelung sind Komponenten dieses CAN-Bus-Systems.

Die Anzahl der Steuergeräte wird sich mit steigendem Komfort weiter erhöhen. Die Datenrate beträgt bei den meisten Automobilherstellern derzeit 500 kBit/s. Um die elektromagnetische Abstrahlung zu verringern, setzen einige Automobilhersteller eine Datenrate von 250 kBit/s ein.

- **Mobile Kommunikation**

Zur Mobilen Kommunikation zählen die Steuergeräte für das Bedien- und Anzeigesystem, Autoradio, Autotelefon sowie die Navigation des Kraftfahrzeuges zur genauen Zielfahrt im Straßenverkehr. Mit diesem Bus-System wird höchster Datenaustausch gefordert.

Die wichtigsten zukunftsorientierten Anforderungen im Überblick:

- Hohe Zuverlässigkeit
    - Ein defektes Steuergerät kann die Kommunikation sehr stark beeinträchtigen. Es ist somit erforderlich, dass die Steuergeräte ständig ihre Funktionen überwachen.
- Sicherstellung der Datenintegrität
    - Durch elektromagnetische Einflüsse ist es absolut notwendig, dass ein elektronisches System seine Daten auf Korrektheit überprüfen muss, bevor Aktionen ausgeführt werden.
- Einhaltung individueller Zykluszeiten
    - Die Zykluszeiten der Prozesse, die beispielsweise den Antriebsstrang von Fahrzeugen regeln und steuern, betragen einige Millisekunden. In diesen Zeitintervallen müssen Daten analysiert, aufbereitet, übertragen und von den Empfängern verarbeitet werden.
- Konfigurationsflexibilität
    - Die Erweiterung des Netzwerkes durch zusätzliche Teilnehmer sollte keine Auswirkungen auf das bestehende Netzwerk haben.

- Minimale Abstrahlung und hohe Einstrahlfestigkeit
    - Im Kfz herrschen schwierige elektromagnetische Verhältnisse. Deshalb ist darauf zu achten, dass die von der Busleitung abgestrahlte Leistung nicht zu hoch ist und im Gegenzug fremdeinwirkende Strahlungen keine Störungen verursachen.

2.5 Vorteile von Bussystemen

Ein grundsätzlicher Vorteil von Bus-Systemen und Ihrem Einsatz im Feld- und Sensor-/Aktorbereich ist sicherlich die Reduzierung des Verkabelungsaufwandes. Damit einhergehend resultieren jedoch noch viele weitere Verkabelungsvorteile, wie zum Beispiel die leichte Änderbarkeit und das leichte Hinzufügen von Systemkomponenten.

Es lassen sich unter anderem folgende Vorteilsmerkmale hervorheben:

- Kabel- und Materialeinsparungen (Stecker, Klemmen etc.)
- somit Gewichtsreduktion und Kosteneinsparungen
- mehr Freiheit bei Kabelverlegung
- Verminderung des Wartungsaufwandes aufgrund geringerer Leitungs- und Anschlusspunktzahl
- Höhere Zuverlässigkeit und Funktionssicherheit
- verringerter Hardwareaufwand bei der Signalein- und -ausgabe
- Sensoren mehrfach nutzbar
- neue Funktionen möglich
- flexible Systemkonfiguration, da über Netzwerk-Nerv[12] alle Teilnehmer parametriert werden können
- einfachere Fehlerdiagnose der Teilnehmer durch Vernetzung aller Teilnehmer über Netzwerk-Nerv

[Bos99, Law94]

[12] Haupt-Datenleitung, CAN-Bus-Leitung

3 CAN-Bus

3.1 Kurzbeschreibung

Das CAN-Protokoll wird auf Grund seiner Flexibilität und Robustheit für verschiedene Klassen von Fahrzeug-Netzwerken eingesetzt. In einer CAN-Botschaft können bis zu 8 Datenbytes übertragen werden. Jede Nachricht verfügt über einen Identifier, der die Nachricht eindeutig charakterisiert. Der Identifier ist mit einer Priorität behaftet, d.h., die Nachricht mit dem niedrigeren Identifierwert erhält bei gleichzeitigem Buszugriff das Senderecht. Die im CAN-Protokoll definierte Busarbitrierung erfolgt zerstörungsfrei, so dass die höchstpriore Nachricht ohne Verzug den Buszugriff bekommt. Das CAN-Protokoll unterstützt eine ereignisgesteuerte Kommunikation in hervorragender Weise.

Wann immer ein Ereignis eintritt, das über den Bus kommuniziert werden soll, wird ein Sendeversuch gestartet. Hochpriore Nachrichten kommen sehr schnell durch, und Nachrichten mit niedriger Priorität können erfolgreich gesendet werden, sobald keine hochprioren Sendeanforderungen mehr anstehen.

Wie alle Bussysteme setzt auch der CAN-Bus auf das OSI 7-Schichtmodell auf. CAN nutzt jedoch nur die Schichten 1, 2 und 7 (s. 2.3). Mit CAN lassen sich besonders effektiv sehr leistungsfähige ereignisgesteuerte Systeme aufbauen. In dem Multimastersystem-System CAN können Daten direkt zwischen beliebig vielem Teilnehmern ausgetauscht werden (s. 2.2.3).

Die technischen Besonderheiten, wie zum Beispiel geringe Kosten für die CAN-Kommunikationschip und die starke Nutzerorganisation CiA (CAN in Automation), sind auch künftig ein sicherer Garant für hohe Marktpräsenz.

Durch den Bedarf an CAN-Kommunikationschips in der Automobilindustrie unterliegen CAN-Bus-Knoten einem extrem hohen Wettbewerb, was sich positiv auf die Preisentwicklung auswirkt.

- CAN steht für Controller Area Network
- Der CAN-Bus ist ein serielles Bussystem, bei dem alle Teilnehmer gleichberechtigt sind. D.h. jedes Steuergerät kann unabhängig senden und empfangen.
- CAN adressiert, im Gegensatz zu anderen Protokollen, nicht die Teilnehmer, sondern die übermittelte Nachricht. Der Teilnehmer entscheidet, ob er die Daten benötigt oder nicht.

[Eng02, Mül01]

3.2 CAN-Bus-Entwicklung

Nachdem die Anforderungen eines Busses feststanden, ein entsprechendes Protokoll jedoch zu dieser Zeit nicht verfügbar war, begann die Firma Bosch im Jahre 1983 mit der Entwicklung des CAN-Protokolls (s. 2.4). Zunächst war der CAN-Bus speziell für den Einsatz in Kraftfahrzeugen gedacht. Schnell fand er jedoch auch Einsatz im gesamten Bereich mobiler Systeme, wie zum Beispiel Aufzüge, landwirtschaftlichen Maschinen, Kränen etc. Er übernahm zunehmend die Rolle als maschinen- oder anlageninternes Kommunikationssystem. Aber auch als schneller Feldbus im Bereich der Produktionsautomatisierung, sowie in der Gebäudeleittechnik, wird der CAN-Bus vermehrt eingesetzt.

Chronologischer Rückblick:

1983 Beginn der Entwicklung des CAN-Protokolls durch die Fa. Bosch

1985 Beginn der Kooperation mit INTEL zur Chipentwicklung

1987 First-Silicon des 82526 von INTEL. Voll funktionsfähige CAN-Bus-Schnittstelle.

1988 Der erste CAN-Serienchip von INTEL ist verfügbar
Daimler Benz beginnt mit der CAN-Entwicklung im Kfz.

1991 Erste Serienanwendung (Mercedes S-Klasse, Motorbus)

Die interessanten technischen Eigenschaften, sowie niedrige Preise, sorgen dafür, dass CAN auch ausserhalb der Automobiltechnik zu einem weit verbreiteten Protokoll wird.

2001 Auch bei Kleinwagen (z.B. Opel Corsa) wird der CAN-Bus eingesetzt.

Abbildung 3.2.1: *Entwicklung von Anfang bis zum Jahr 1999* [Eng02]

[Eng02, Law94]

3.3 CAN – charakteristische Merkmale

Topologie	*Buskonfiguration mit nur einer logischen Busleitung*
Übertragungsmedium	*verdrillte Zweidrahtleitung, in Sonderfällen auch Eindrahtleitung*
Geometrische Ausdehnung	*maximal 40 m (bei 1 MBit/s)* *oder 1000 m (bei 50kBit/s)*
Übertragungsrate	*<5 kBit/s bis 1 MBit/s*
Datenkapazität	*0 bis 8 Bytes/Botschaft*
Botschaftsformate	*Standardformat (11 Bit Identifier)* *oder* *erweitertes Format (29 Bit Identifier)*
Botschaftslänge	*maximal 130 Bits (Standardformat)* *oder 150 Bits (erweitertes Format)*
Maximale System-Erholzeit (nach Störungen)	*Typisch 17 bis 23 Bit-Zeiten (in Sonderfällen bis zu 29 Bit-Zeiten)*
Objektorientierte Adressierung	*Nachrichten erhalten eine Adresse (Identifier). Über den Identifier wird die Priorität einer Nachricht festgelegt*
Teilnehmeranzahl	*maximal 30*

Tabelle 3.3.1: *Leistungsdaten im Überblick* [Bos99]

3.4 physikalischer Aufbau

3.4.1 Komponenten eines CAN-Knoten

Jeder Teilnehmer benötigt, wie in *Abbildung 3.4.1* dargestellt, neben dem CAN-Controller (CAN-Protokollchip) eine Ankoppelschaltung in Form des Bus-Treibers (Transceiver) an den Bus. Diese Ankoppelschaltung realisiert gleichzeitig eine Schutzfunktion gegen Störungen, sowie auf den Bus eingekoppelte Überspannung.

Die Komponenten eines CAN-basierten Übertragungssystems sind:

- Busstation (Netzknoten)
- Mikro-Controller
- CAN-Controller
- Bus-Treiber
- CAN-Bus-Leitung
- Busabschluss

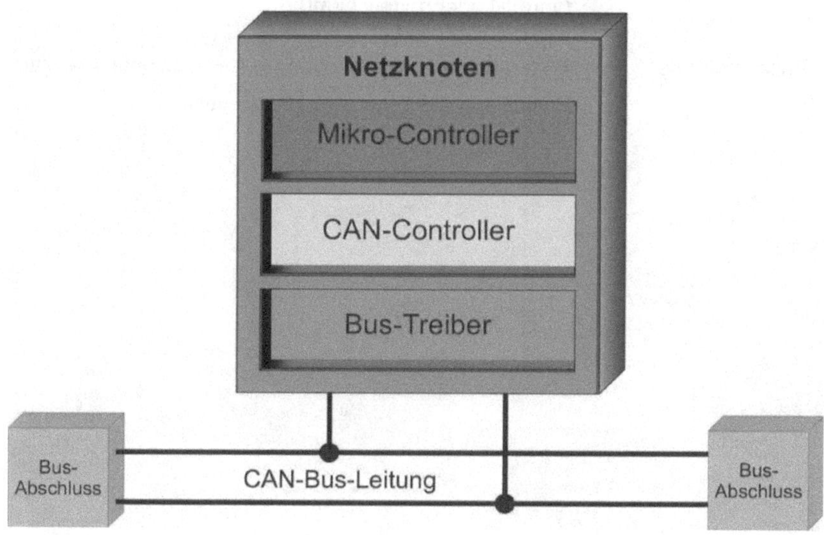

Abbildung 3.4.1: *Aufbau CAN-Knoten* [Eng02]

Netzknoten: Sind z.B. Steuergeräte für das Motormanagement- oder Karosseriebus, das an den Bus angeschlossen wird. Bestehen aus einem Mikro-Controller, CAN-Controller und Bus-Treiber

Mikro-Controller: Steuert den CAN-Controller und bearbeitet Sende- und Empfangsdaten

CAN-Controller: Ist als Schnittstelle zur physikalischen Busleitung verantwortlich für den Sende- und Empfangsbetrieb inkl. Fehlerbehandlung, Berechnung und Vergleich der CRC-Prüfsumme (siehe *3.5.3*), Hardware-Akzeptanzfilterung

Bus-Treiber: Auch CAN-Transceiver. Die Hauptfunktionen des CAN-Bus-Treibers ist das Erzeugen und Erkennen der Buspegel. Er erfüllt auch Nebenfunktionen wie z.B. eine Pegelanpassung und Schutzbeschaltung.

CAN-Bus-Leitung: Physikalisches Übertragungsmedium als Zweidrahtleitung (verdrillt oder abgeschirmt)

Busabschluss: Widerstände zur Vermeidung von Reflexionen und zur Einstellung des rezessiven Buspegels

Erläuterungen zum Bus-Treiber

Der Bus-Treiber wird auch „Transceiver“ genannt. Der Name setzt sich zusammen aus den englischen Begriffen „Transmitter“ (Sender) und „Receiver“ (Empfäger).

Dieser Baustein wird als Interface zwischen einem CAN-Controller und dem physikalischen Bus eingesetzt und ermöglicht dem CAN-Controller, Signale über den CAN-Bus zu senden. Die Sendeausgänge sind gegen Kurzschlüsse und gegen Störspannungsspitzen geschützt. Im Falle eines Kurzschlusses erkennt die Schutzschaltung diesen Fehlerzustand und schaltet die Sendestufe mit einer Verzögerung von max. 10 μs ab, um die Zerstörung und eine erhöhte Leistungsaufnahme zu verhindern.

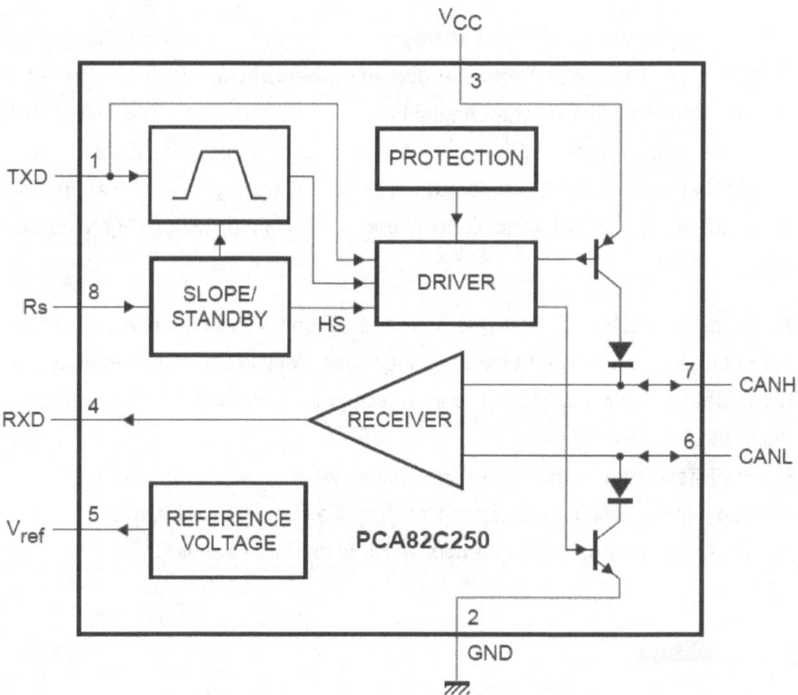

Abbildung 3.4.2: *Blockbild des Bus-Treibers Philips 82C250 (nach Unterlagen von Philips)*

Erklärung zu *Abbildung 3.4.2*:

Pin 1: TXD Sendedaten (Eingang)

Pin 2: GND CAN-Ground

Pin 3: VCC CAN-Betriebsspannung

Pin 4: RXD Empfangsdaten (Ausgang)

Pin 5: Vref Referenzpegel (Ausgang)

Pin 6: CANL CAN-Low (Eingang/Ausgang)

Pin 7: CANH CAN-High (Eingang/Ausgang)

Pin 8: Rs Einstellung der Flankensteilheit für optimales EMV-Verhalten

Erläuterungen zur CAN-Bus-Leitung:

Ein gängiges Mittel zur Verbesserung der Übertragungssicherheit ist die sogenannte differentielle Übertragungstechnik. Die digitale Information wird auf zwei Leitungen mit unterschiedlichem Vorzeichen übertragen. Die Differenz der Leitungspegel spiegelt die Nutzinformation wieder. Empfängerseitig sitzt ein analoger Komperator, der diese Differenz auswertet und in ein logisches Signal zurückwandelt.

So ist diese Technik relativ unempfindlich gegen von aussen einwirkende Störspannungen, da diese auf beide Leitungen mit gleichem Vorzeichen einwirken und damit bei der Differenzbildung, die im Komperator durchgeführt wird, wieder herausfallen.

Dieser Effekt kann noch weiter verbessert werden, wenn für das Übertragungsmedium ein sogenanntes Twisted-Pair-Kabel eingesetzt wird. Bei diesem Kabeltyp ist das Aderpaar, das die differentiellen Signale führt, verdrillt.

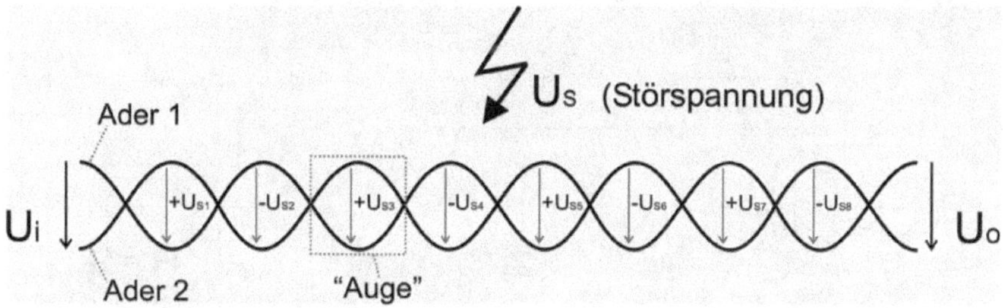

Abbildung 3.4.3: *Auswirkung einer Störspannung auf einem verdrillten Kabel* [Law94]

Abbildung 3.4.3 zeigt eine von außen auf die „Augen" des verdrillten Kabels mit jeweils mit invertiertem Vorzeichen einwirkende Störspannung. Die Summe der Störspannungen ergibt sich also zu

$$U_S = U_{S1} - U_{S2} + U_{S3} - U_{S4} \ldots\ldots$$

Ist die Anzahl der Augen gerade, so würden sich im Idealfall die Anteile genau ausgleichen, d.h. der auf das Signal addierte Störpegel wäre gleich Null.

Erläuterungen zum Busabschluss

In einem HF- (Hochfrequenz) Netz, und um solch ein Netz handelt es sich beim CAN-Bus, wird bei falschem Leitungsabschluss das hinlaufende Signal wieder reflektiert und kann somit die binären Eigenschaften des Systems verändern.

Der Busabschluss ist ein Abschlusswiderstand zur Vermeidung von Reflexionen auf der Busleitung und somit zur Einstellung des rezessiven Buspegels erforderlich. Der Abschlusswiderstand R_L muss gleich groß dem Wellenwiderstand Z_0 der Leitung sein, um kein rücklaufendes (reflektiertes) Signal zu erhalten. Die Auswirkung eines rücklaufenden Signals ist, dass das hinlaufende originale Signal vom Rücklaufenden überlagert und somit verfälscht wird.

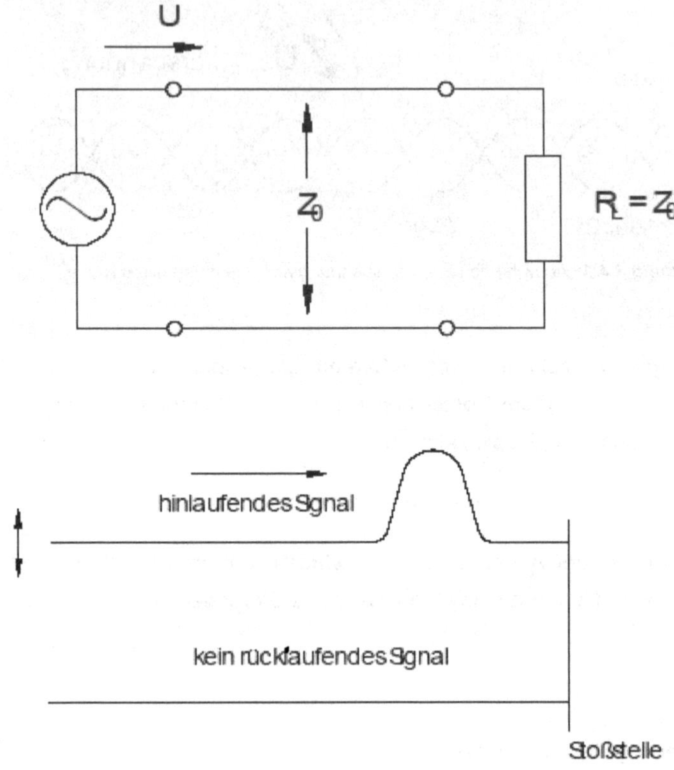

Abbildung 3.4.4: *richtig abgeschlossene Leitung - kein rücklaufendes Signal* [Eng02]

Ferner kann man den Buspegel am Busabschluss mit einem Oszilloskop erfassen. Eine Veränderung des Bussabschlusses würde eine Änderung des Buspegels zur Folge haben. Werden verdrillte Zweidrahtleitungen beim CAN-Bus verwendet, liegt der Richtwert für den Abschlusswiderstand an jedem Ende der Leitung bei 120 ohm.

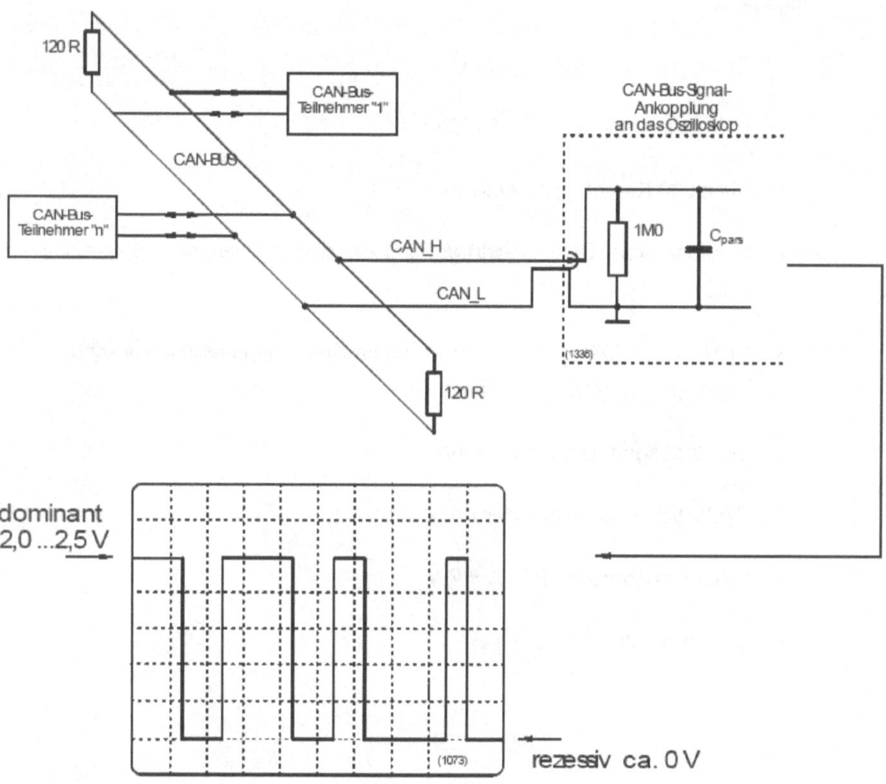

Abbildung 3.4.5: *Buspegelmessung eines High-Speed CAN-Busses* [Eng02]

3.4.2 High-Speed Bus-Ankopplung

Im Einsatzbereich bei Kraftfahrzeugen sind derzeit die wichtigsten Businterfacekonzepte der High-Speed-Bus (>125 kBit/s) und der Low-Speed-Bus (<125 kBit/s).

Die High-Speed-Busankopplung ist gekennzeichnet durch die folgenden Leistungsdaten:

- Datenrate 125 kBit/s ... 1 MBit/s
- Max. Buslänge 40 m bei 1 MBit/s
- Bis zu 30 Knoten pro Netzwerk
- Symmetrische Signalübertragung über Zweidrahtleitung mit gemeinsamer Rückführung.
- CAN_H und CAN_L kurzschlussfest im Spannungsbereich zwischen -3 V.... +16 V (bis 32 V für 24 V-Fahrzeuge)
- Sendeausgangsstrom > 25 mA
- Typische Leitungsimpedanz 120 Ohm
- Spannungsbereich -2 V ... + 7 V
- 5 V Stromversorgung

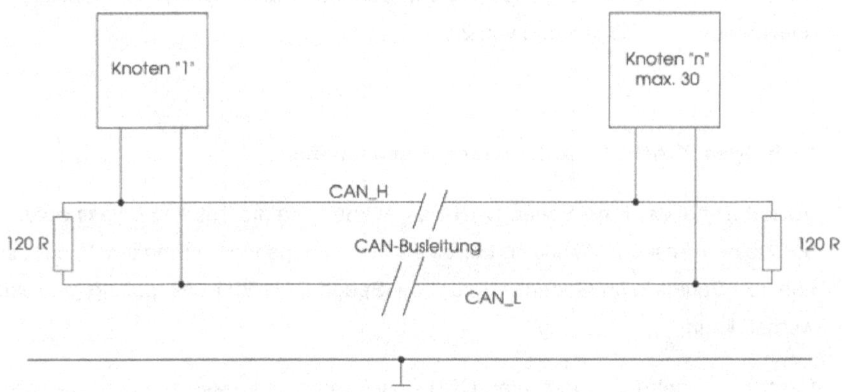

Abbildung 3.4.6: *High-Speed Bus-Ankopplung* [Eng02]

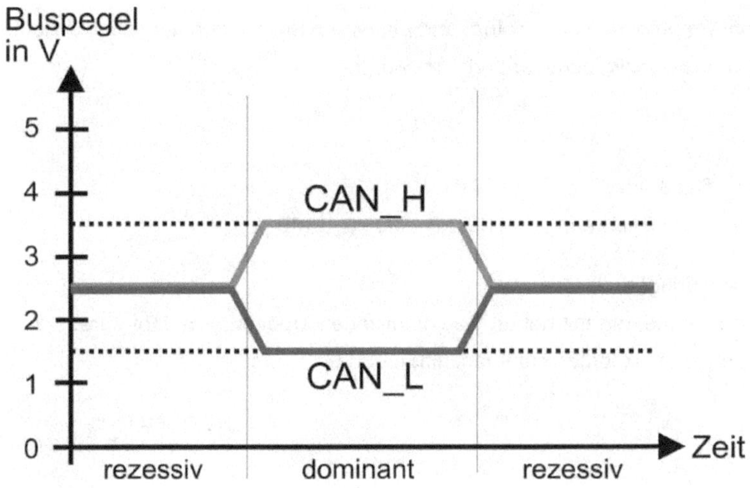

Abbildung 3.4.7: *High-Speed Buspegel Verlauf nach ISO 11898* [Eng02]

	rezessives Bit	***dominantes Bit***
CAN_H	+2,5 V	+3,5 V
CAN_L	+2,5 V	+1,5 V

Tabelle 3.4.1: *High-Speed Buspegel Werte*

Daraus resultiert eine Ausgangsdifferenz-Spannung U_{diff} = UCAN_H – UCAN_L im dominanten Zustand in Höhe von 2 V.

High-Speed CAN-Bus-Ankopplung Eigenschaften

Vorteil ist bei der High-Speed CAN-Bus-Ankopplung die Tatsache, dass aufgrund der kleinen Anstiegs-Abfallzeit bei einem Spannungshub von max. 1 V mit einer höheren Baudrate im Gegensatz zur Low-Speed CAN-Bus-Ankopplung gearbeitet werden kann.

Nachteil ist bei der High-Speed CAN-Bus-Ankopplung, dass aufgrund des geringen Spannungshubes von 1 V der CAN-Bus nicht im Eindrahtmodus betrieben werden kann.

Vom Empfänger-Komparator kann bei einem Spannungshub von 1 V nicht eindeutig rezessiv bzw. dominant erkannt werden.

Max. Baudrate :	1 MB
Praktische Baudraten:	125 kB, 500 kB, 1 MB

Anwendungen:
Bussysteme, die mit hohen Reaktionszeiten arbeiten, z.B. Motorsteuerung im Kfz, Automation, Roboter, Baumaschinen und Gabelstapler.

3.4.3 Low-Speed Bus-Ankopplung

Für geringere Anforderungen in Bezug auf die Buslänge und die Datengeschwindigkeit steht die Spezifikation „Low-Speed" zur Verfügung.

Unter der Voraussetzung „elektrisch kurzer Leitungen" entfällt eventuell das Problem der Leitungsreflexion und somit kann auch ohne abgeschlossene Leitung gearbeitet werden.

Als wesentlicher Vorteil besteht die Möglichkeit der Datenübertragung über nur eine Busleitung bei Ausfall der anderen Busleitung.

Die Low-Speed Bus-Ankopplung ist gekennzeichnet durch die folgenden Leistungsdaten:

- Datenrate 10 kBit/s bis 125 KBit/s
- Bis zu 20 Knoten pro Netzwerk
- Symmetrische Signalübertragung über Zweidrahtleitung mit gemeinsamer Rückführung.
- CAN_H und CAN_L Kurzschlußfest im Spannungsbereich zwischen -6 V ... +16 V (bis 32 V für 24 V-Fahrzeuge)
- Sendeausgangsstrom > 1 mA
- Spannungsbereich -2 V ... +7 V
- 5 V Stromversorgung
- Busleitungen mit Ruhedifferenzspannung durch Abschlussnetzwerk mit Potentialvorgabe
- Maximale Buslänge abhängig von der Datenrate

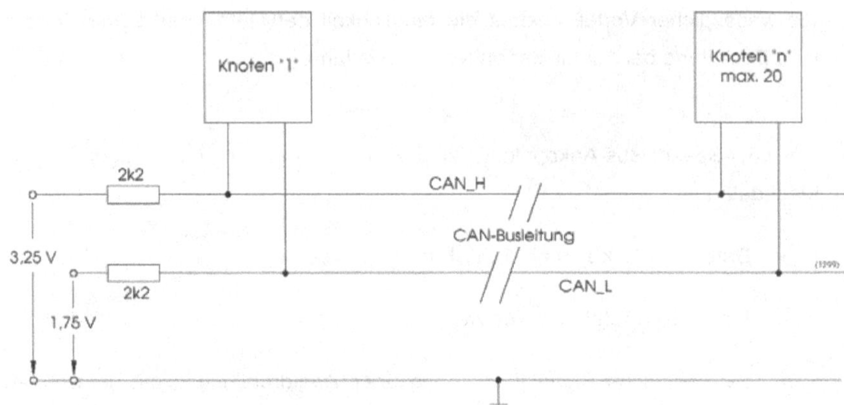

Abbildung 3.4.8: *Low-Speed Bus-Ankopplung* [Eng02]

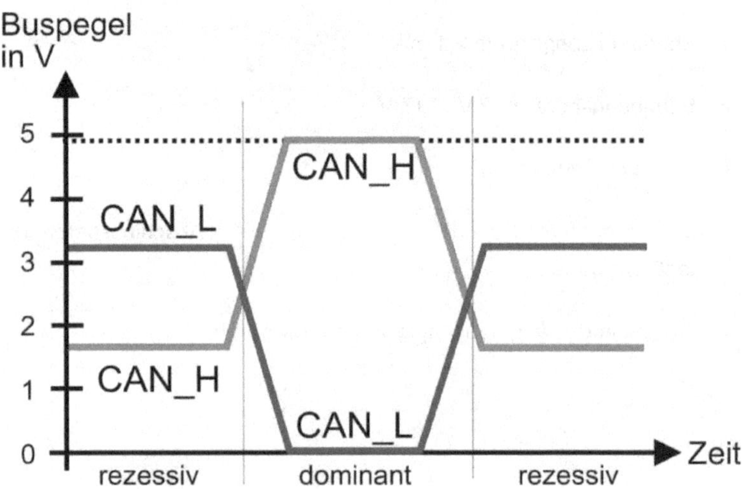

Abbildung 3.4.9: *Low-Speed Buspegel Verlauf nach ISO 11519-1* [Eng02]

	rezessives Bit	***dominantes Bit***
CAN_H	+1,6 V … +1,9 V	+3,85 V … +5,0 V
CAN_L	+3,1 V … +3,4 V	0 V … +1,15 V

Tabelle 3.4.2: *Low-Speed Buspegel Werte*

Low-Speed CAN-Bus-Ankopplung Eigenschaften

Vorteil ist bei der Low-Speed CAN-Bus-Ankopplung, dass der CAN-Bus im Eindrahtmodus betrieben werden kann.

Eindrahtmodus bedeutet:
Kurzschluß von CAN_L *oder* CAN_H gegen Masse
Kurzschluß von CAN_L *oder* CAN_H gegen $U_{B(+)}$
Kurzschluß von CAN_L *und* CAN_H untereinander

Im Eindrahtmodus kann vom Empfänger-Komparator aufgrund des relativ großen Spannungshubs (1,9 ... 5,0 V) einwandfrei rezessiv bzw. dominant erkannt werden.

Nachteil ist im Eindrahtmodus, im Gegensatz zur High-Speed Bus-Ankopplung, die reduzierte Baudrate aufgrund der großen Anstiegs- bzw. Abfallzeit bei einem Spannungshub von 1,9 ... 5,0 V.

Max. Baudrate:	125 kB
Praktische Baudraten:	83,3 kB, 100 kB, 125 kB

Anwendungen:
Bussysteme, die mit kleinen Reaktionszeiten arbeiten können, z.B. Karosseriebus im Kfz

3.5 Nachrichtenaustausch

3.5.1 Arbitrierung

Bei CAN (Multimaster-System) sind alle Netzknoten (Steuergeräte) gleichberechtigt. Sie sind gleichermassen für Buszugriff, Fehlerbehandlung und Ausfallüberwachung verantwortlich. Jeder Netzknoten ist in der Lage auf die gemeinsamen Datenleitungen ohne Zuhilfenahme eines weiteren Netzknoten zuzugreifen. Beim Ausfall eines Netzknotens fällt dadurch nicht das Gesamtsystem aus.

Bei einem Multimaster-System, man spricht von einem CSMA/CA-System[13], erfolgt der Buszugriff völlig unkontrolliert. Sobald der Bus frei ist, können mehrere Netzknoten auf den Bus zugreifen. Dies kann natürlich zu Kollisionen führen. Das bedeutet, mehrere Teilnehmer beginnen gleichzeitig mit dem Senden einer Nachricht und es gäbe ein Chaos. Also muss für Ordnung gesorgt werden. Deshalb gibt es beim CAN-Bus eine klare Hierarchie, wer zuerst senden darf und wer warten muss.

So wird bei der Programmierung der Netzknoten die Reihenfolge der Wichtigkeit (Priorität) der einzelnen Daten festgelegt. Eine Nachricht mit hoher Priorität (niedrigere Adresse) setzt sich gegen eine Nachricht mit niedriger Priorität (höhere Adresse) durch. Ab diesem Moment sind alle anderen Netzknoten automatisch auf Empfang geschaltet. Die Auswahlphase, in der beim gleichzeitigen Zugriff mehrerer Teilnehmer entschieden wird, wer am Bus verbleiben darf, nennt man Arbitrierungsphase.

Zum Beispiel wird eine Nachricht, die von einem sicherheitstechnischen Steuergerät kommt, wie z.B. dem ABS-Steuergerät, immer eine höhere Priorität haben, als eine Nachricht von einem Getriebe-Steuergerät.

In der Arbitrierungsphase sendet jede Station und beobachtet „Bit für Bit“ den Buspegel. Ein dominantes Bit (logisch 0) einer Station setzt sich gegen ein rezessive Bits (logisch 1) einer anderen Station durch. Stationen, die ein rezessives Bit senden, aber ein dominantes Bit eines anderen Teilnehmers auf dem Bus erkennen, verlieren die Priorität bei der Buszuteilung. Sie werden für diese Botschaftsübertragung automatisch zu Empfängern.

---

[13] CSMA/CA : Carrier Sense multiple Acces/Collission Avoidence (deutsch etwa: 'Mehrfachzugriff mit Trä gerprüfung mit Kollisionsvermeidung')

Nach dem korrekten Empfang der Nachricht prüfen sie anhand des Identifiers, ob die empfangenen Daten für sie relevant sind oder ob sie ignoriert werden können.

Die inhaltsbezogene Adressierung erhöht die Freiheit bei der Gestaltung und der Konfiguration des Systems. Zusätzliche Stationen lassen sich einfach hinzufügen. Ist die neue Station ausschließlich Empfänger, sind bei den vorhandenen Stationen keine Änderungen der Hardware oder der Software erforderlich.

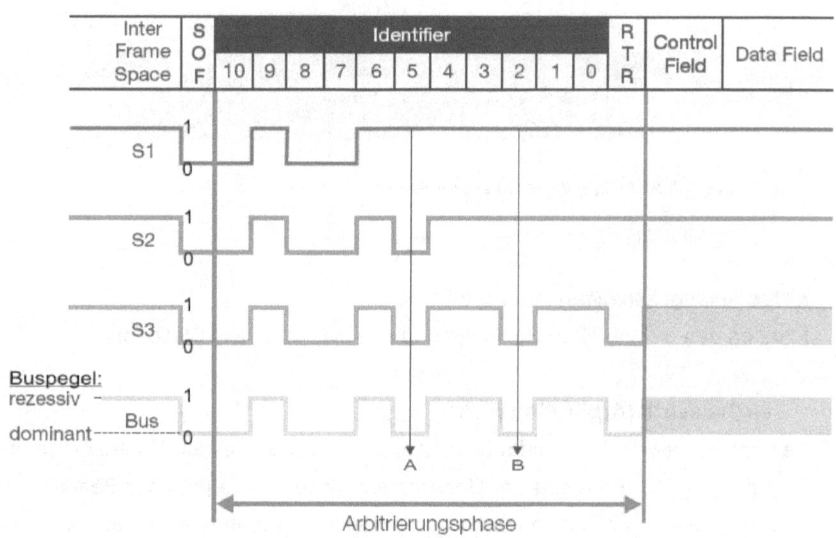

Abbildung 3.5.1: *Arbitrierungsphase beim Sendeversuch von 3 Stationen/Teilnehmern*

In *Abbildung 3.5.1* ist in einem Beispiel der Buszugriff verdeutlicht. Hier wollen drei Netzknoten (S1, S2, S3) ihre Nachricht über den Bus übertragen. Während des Arbitrierungs-Vorgangs wird das Steuergerät S1 vorzeitig den Sendeversuch bei Punkt A abbrechen, da sein rezessiver Buspegel von den anderen Steuergeräten S2 und S3 durch dominante Buspegel überschrieben wird. Das Steuergerät S2 bricht den Sendeversuch bei Punkt B aus demselben Grund ab. Somit setzt sich Steuergerät S3 durch und kann seine Nachricht übertragen.

3.5.2 Datenprotokoll

Die Datenübertragung erfolgt über ein Datenprotokoll in sehr kurzen Zeitabständen. Das Protokoll besteht aus einer Vielzahl von aneinander gereihten Bits.

Die Anzahl der Bits ist abhängig von der Größe des Datenfeldes. Ein Bit ist die kleinste Informationseinheit, acht Bits entsprechen einem Byte = eine Botschaft. Diese Botschaft ist digital und kann nur den Wert 0 oder 1 haben (Binärcode).

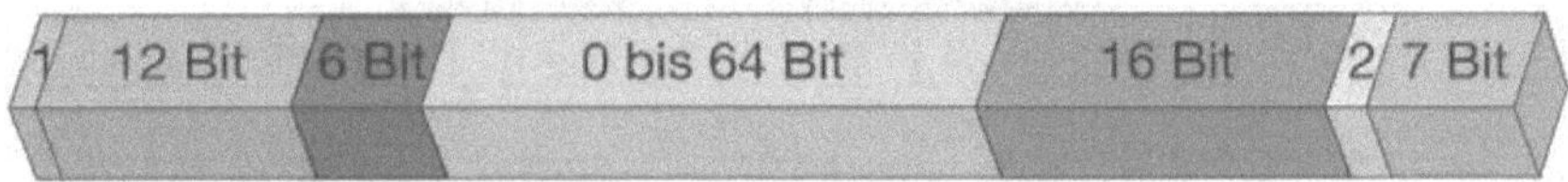

Abbildung 3.5.2: *Aufbau eines Datenprotokolls*

■ Das Anfangsfeld **(Start of Frame)**
Markiert den Beginn einer Botschaft und synchronisiert alle Stationen.

■ Das Statusfeld **(Arbitration Field)**
Besteht aus einem Botschafts-Identfizierer (11 Bit) und einem Kontrollbit (s. auch Abbildung 3.5.2). Während der Übertragung dieses Felds prüft der Sender bei jedem Bit, ob er noch sendeberechtigt ist oder ob eine andere Station mit höherer Priorität sendet. Hier findet die sogenannte Arbitrierung statt, d.h. die Festlegung, welches der Steuergerätsignale Vorrang beim Senden hat. Das Kontrollbit entscheidet, ob es sich bei der Botschaft um einen Data Frame (gesendete Botschaft) oder einem Remote Frame (Antwort vom empfangenden Steuergerät) handelt.

■ Das Kontrollfeld **(Control Field)**
Enthält den Code für die Anzahl der Daten-Bytes, die im Datenfeld folgen werden.

■ Das Datenfeld **(Data Field)**
Im Datenfeld werden die Information für die anderen Stationen übertragen, also die Information über Schalterstellungen, Sensorsignale, Aktionen usw. Der Umfang der Informationen kann zwischen 0 und 8 Bytes (8 Bits = 1 Byte) betragen.

■ Das Sicherungsfeld **(CRC Field)**
Dient dazu, Übertragungsstörungen zu erkennen.

■ Das Betätigungsfeld **(Ack Field)**
Im Bestätigungsfeld signalisieren die Empfänger dem Sender, dass sie die gesendete Botschaft einwandfrei empfangen haben. Sollte jedoch ein Fehler erkannt werden, wird das umgehend dem Sender mitgeteilt. Dieser wiederholt daraufhin seine Übertragung.

■ Das Endfeld **(End of Frame)**
Mit diesem Feld endet die Botschaft. Auch hier können noch Fehler gemeldet werden, die zu einem erneuten Senden der Botschaft führen.

3.5.3 Übertragunsfehler

Mit CAN haben Übertragungsfehler keine Folgen. CAN verfügt über eine Reihe von Kontrolleinrichtungen zur Störungserkennung:

- Der Cyclic Redundancy Check (CRC) erkennt mit einem Rahmensicherungswort im Datenrahmen Übertragungsstörungen. Der leistungsfähige CRC des CAN ist speziell an die kurzen Botschaften der Kommunikation im Kraftfahrzeug angepasst.

- Während des Sendens überprüft jede Station den Buspegel. Findet sie auf der Busleitung – außer im Arbitrierungsfeld – einen anderen Bitwert, als den gesendeten, liegt ein Fehler vor.

- Ein Datenrahmen darf bis zum Ende des CRC maximal fünf aufeinander folgende Bits gleicher Polarität haben. Daher fügt der Sender, wenn er fünf gleiche Bits übertragen hat, automatisch ein zusätzliches Bit entgegengesetzter Polarität ein (Stuffing). Die Empfänger eliminieren dieses zusätzliche Bit wieder (Destuffing). Lediglich Fehlermeldungen bestehen aus sechs Bits gleicher Polarität.

- Bei einer Rahmensicherung machen die CAN-Bausteine alle Botschaften, die von den Formatvorgaben des CAN-Protokolls abweichen, ungültig.

Die Datenkonsistenz wird durch die Störungsbehandlung gesichert. Stellt ein CAN-Controller eine Störung fest, bricht er die laufende Übertragung durch das Senden eines „Error Flag“[14] für alle anderen Stationen ab. Dieses besteht aus sechs Bits gleicher Polarität und stellt somit eine gezielte Codeverletzung dar, da im regulären Bitstrom maximal 5 Bits gleicher Polarität aufeinander folgen können. Das „Error Flag“ setzt sich – im Falle sechs dominanter Bits – gegen jede andere Botschaft durch. So ist sicher, dass alle Stationen den Fehler erkennen. Auch bei lokalen Fehlern, die zunächst nur von einer oder wenigen Stationen erkannt werden, macht ein „Error Flag“ die Botschaft für alle Stationen ungültig.

Die gesamte Restfehlerwahrscheinlichkeit für unerkannte fehlerhafte Nachrichten ist kleiner als:

Nachrichtenfehlerrate = $4{,}7 \times 10^{-11}$

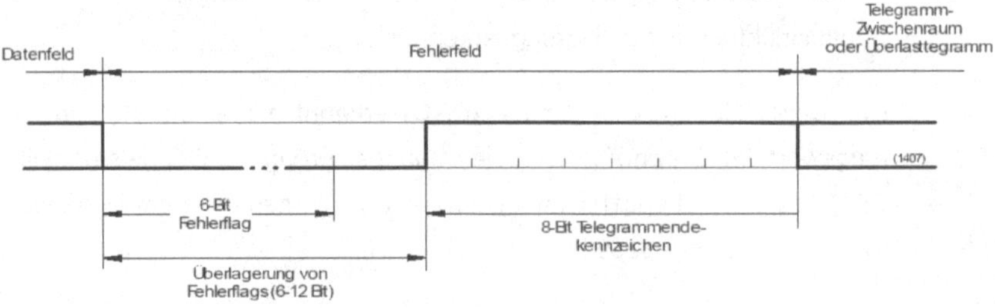

Abbildung 3.5.3: *Fehlertelegramm*

Das Fehlertelegramm besteht aus zwei Feldern. Das erste Feld entsteht aus einer Überlagerung von Fehlerflags, aufgeschaltet durch einen oder mehrere Netzknoten. Mit dem zweiten Feld, einer Folge von 8 rezessiven Bits, wird, analog zum Daten- und Anforderungstelegramm, das Telegrammende angezeigt (Error Delimiter).

[14] Error Flag: Fehlertelegramm

4 Entwicklung eines CAN-Adapters

4.1 grundlegende Überlegungen der Produktgestaltung

Bei der Gestaltung einer elektronischen Schaltung für den Einsatz in einem Fahrzeug gilt es insbesondere die Gegebenheiten im Fahrzeug zu berücksichtigen. Im Wesentlichen sind das die Anforderungen an den Temperaturbereich, mechanische Anforderungen und die Sicherstellung eines dauerhaft störungsunanfälligen Betriebs der Schaltung. Darüber hinaus ist sicherzustellen, dass die elektromagnetische Verträglichkeit (EMV) gegenüber anderen Systemen des Fahrzeugs gegeben ist.

Wegen der Temperatur-Thematik ist bei der Herstellung der Serienreife des Produkts sicherzustellen, dass ausschliesslich Bauteile verwendet werden, die für den Temperaturbereich Automobil geeignet sind. Im Prototypenbau wurde bereits auf aktive Bauteile zurückgegriffen, die für den Einsatz im sogenannten „Industrial Temperaturbreich“ (-40 ... 85 °C) geeignet sind.

Um fahrdynamischen Problemen und potentiellen Schäden durch Vibrationen vorzubeugen, sollte in der endgültigen Produktgestaltung an ein Vergiessen der Baugruppe mit einem dauerelastischen PU-Gussmaterial gedacht werden. Dies kann auch dazu dienen, dass Nachbauten erschwert werden.

Grundsätzlich ist die Entwicklung eines Nachrüst-Produkts für Fahrzeuge, ohne vorliegende, entwicklungsrelevante Daten des Fahrzeugherstellers, mit Risiken behaftet (reverse engineering). Deshalb ist bei derartigen Entwicklungsarbeiten ein umfangreiches Mass an Tests einzuplanen. Neben einfachen Funktionstests sind daher unbedingt auch Dauerlauftests im Regel-Fahrzeugbetrieb sinnvoll.

Die Richtlinien zur EMV-gerechten Gestaltung einer elektronischen Schaltung sind wichtig. Bei der endgültigen Produktgestaltung können dann noch zusätzlich Schirmungsmassnahmen an Gehäusen und Leitungen erforderlich werden.

4.2 rechtliche Rahmenbedingungen

Für Deutschland finden sich die Bau- und Ausrüstungsvorschriften von Fahrzeugen in der Straßenverkehrs-Zulassungs-Ordnung (StVZO). Sie stellt allerdings anders als früher kein rein nationales Regelwerk mehr dar. Vielmehr ist sie schon heute in weiten Bereichen auf entsprechende internationale Anforderungen abgestimmt. Neben der StVZO sind auch EG- und ECE-Regelungen zu beachten bzw. wird das im Rahmen der Diplomarbeit betrachtete Produkt eventuell mit einer EG-Typgenehmigung auszustatten sein. Für das fertige Produkt wird auch eine e-Nummer zu beantragen sein. Hier wird nach den Richtlinien der EG-Norm 95/54/EG die EMV geprüft.

4.3 Festlegung Hardware

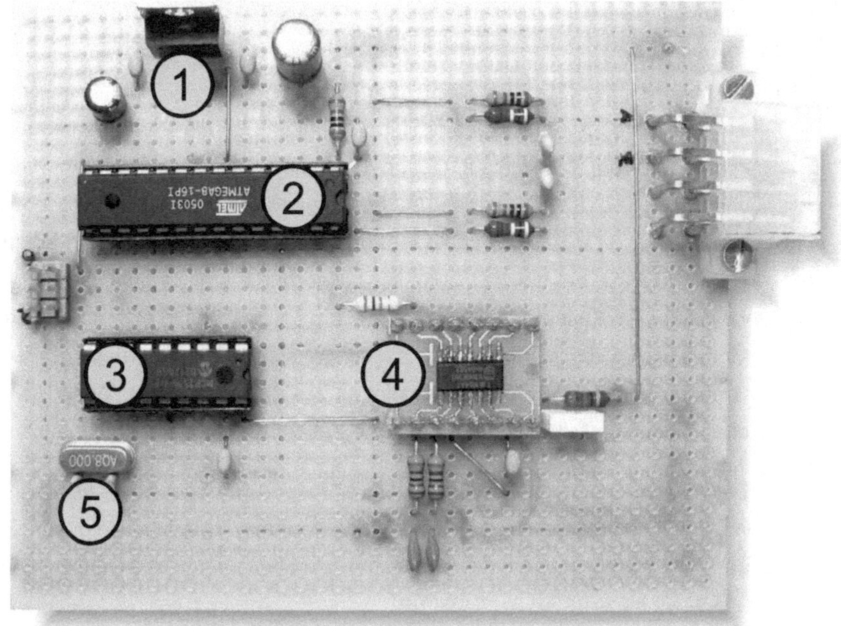

Abbildung 4.3.1: *Prototyp des CAN-Bus-Adapters*

Für die Realisierung des Prototyps sind die zur Auswahl der zu verwendenden Bauteile die nachfolgenden wesentlichen Module zu betrachten:

- **Spannungsversorgung (1)**

  Die Versorgungsspannung (Bordspannung Pkw) muss an die Betriebsspannung der Komponenten der Schaltung angepasst werden (10 .. 15 V nach 5 V). Es wird ein Linearregler verwendet.

  Eigenschaft Linearregler: Die Differenz aus Versorgungsspannung und Ausgangsspannung multipliziert mit dem Strom wird in Wärme umgesetzt. Bei niedrigen Stromaufnahmen stellt dies aber kein Problem dar. Das verwendete Bauelement der Firma ST Microelectronics arbeitet problemlos in einem Temperaturbereich von -55°C bis 150°C und stellt somit auch im Sommer, bei hohen Fahrzeugtemperaturen, eine solide Spannungsversorgung dar.

- **Microcontroller (2) / CAN Controller (3)**

  Entscheidend für die Mikrocontrollerauswahl ist u.a. die Verfügbarkeit einer kostengünstigen Möglichkeit, diesen in Hochsprache (C) zu programmieren und debuggen (Fehler suchen und beseitigen). U.a. stellt der Mikrocontrollerhersteller ATMEL mit dem AVR Studio eine vollwertige Software-Lösung zur Verfügung, bei der der Compiler sowie der Emulator nahtlos integriert werden kann. Ausserdem kann hier zu Übungszwecken in einem Simulator-Modus das Programm ohne tatsächlicher Hardware innerhalb gewisser Grenzen getestet werden. Ferner gibt es das Software-Paket WinAVR, welches einen komfortablen Editor mit Integration des Compilers beinhaltet.

  Bei diesem Prototyp wird ein ATMEL ATMega8 Mikrocontroller verwendet. Als CAN-Controller kommt der MCP2515 von der Firma Microchip zum Einsatz.

- **CAN-Transceiver (4)**

  Um auf den CAN-Bus des Fahrzeuges sendend zuzugreifen, muss der richtige Transceiver verwendet werden. Im Wesentlichen gibt es 3 physikalische (elektrische) CAN Interfaces:

  High-speed: 0...1 Mbit; rezessiver Pegel CAN high + low: 2,5 V; dominanter Pegel: CAN High 3,5 V; CAN low: 1,5 V

  Low-speed: 0...125 kBit; rezessiver Pegel CAN high: 1,6 V; CAN low: 3,1 V; dominanter Pegel CAN high: 5V; CAN low: 0 V; wenn der Bus schläft, wird CAN Low auf Batteriespannung gezogen

  Eindraht-CAN: 0...125 kBit, rezessiver Pegel: 1,6 V; dominanter Pegel: 5 V

  Da in dem Basisfahrzeug zur Erstellung des Prototyps ein Low-speed-CAN-Bus verwendet wird, wird ein Transceiver vom Typ TJA1054 der Firma Philips eingesetzt. Im Gegensatz zu anderen Transceivern ermöglicht dieser auch das Schreiben auf den CAN-Bus.

- **Takterzeugung (5)**
  Im CAN Netzwerk ist eine Abweichung von 1,7% in der Baudrate maximal erlaubt, damit eine Kommunikation möglich ist (Herstellerangabe der Firma Mikrochip). Der Mikrocontroller ATMEga8 hat sogar einen internen RC-Oszillator zur internen und auch externen Takterzeugung. Allerdings ist der RC-Oszillator sehr temperaturabhängig und zu ungenau. Es muss daher ein verlässlicherer Takterzeuger verwendet werden.

  Ein Quarz von 8 MHZ wird hier als Taktgeber eingesetzt.

Die Beschaltungen und Vernetzungen der einzelnen Module sind aus den jeweiligen, von den Bauteile-Herstellern gelieferten, Datenblättern hergeleitet.

Es wurde nachfolgend zu sehender Schaltplan entworfen. Darin enthalten sind bereits zum Teil Komponenten für spätere Einsatzzwecke und Weiterentwicklungen.

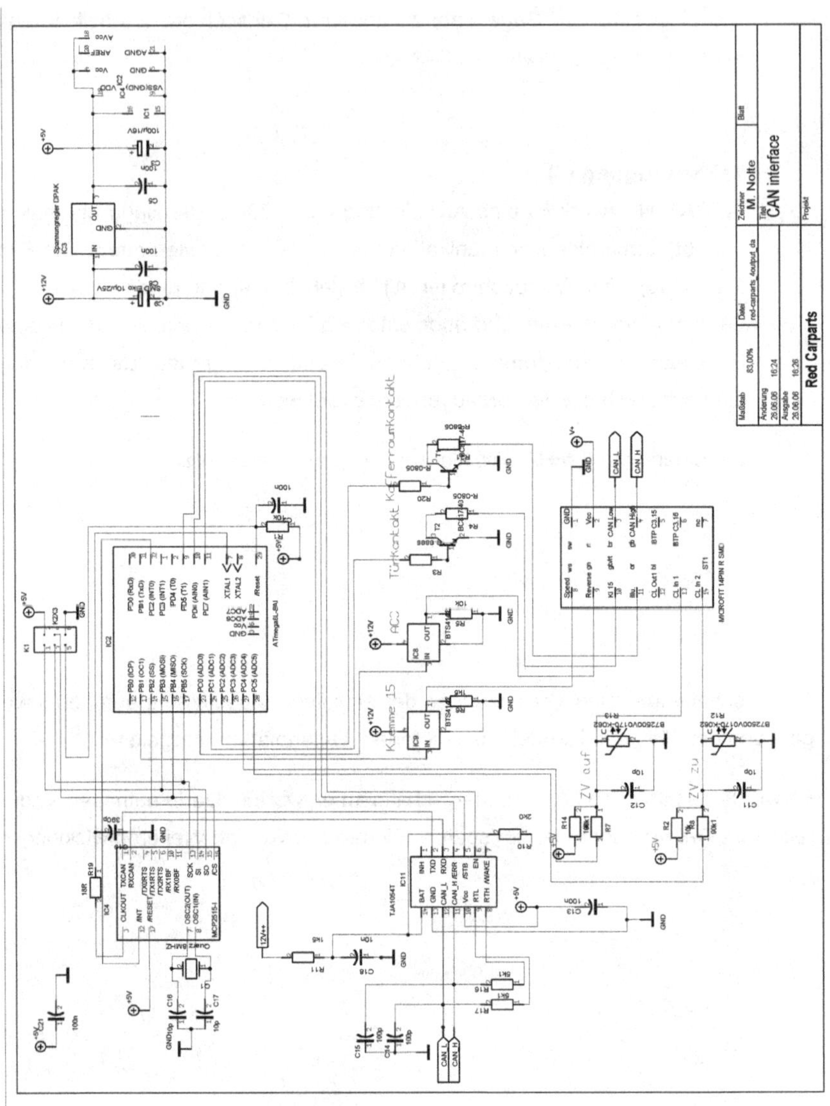

Abbildung 4.3.2: *Schaltplan Prototyp*

4.4 Datenerfassung für Prototyp

Als Basisfahrzeug für die Entwicklung des Prototyps stand ein Mercedes Benz SL500, Baujahr 2003, Typ R230 zur Verfügung.

Da für dieses Fahrzeug keine CAN-Bus-Daten bereit standen, mussten diese zunächst erfasst werden. Zum Auslesen der CAN-Bus-Daten mittels Notebook werden die nachfolgend beschriebenen Hardwarekomponenten benötigt.

PCAN-USB CAN-Interface

Die Brücke zwischen Notebook und CAN-Bus-Leitung stellte das CAN-Interface (CAN-Dongle) „PCAN-USB" der Fa. PEAK-System dar. Dieses Interface beinhaltet den High-Speed CAN-Transceiver 82C251.

***Abbildung 4.4.1:** „PCAN-USB" CAN-Interface der Fa. PEAK-System*

Bus-Converter TJA1054

Da es sich bei dem Mercedes um einen Low-Speed-CAN-Bus im Innenraum handelt, wird zum Schreiben der Daten von Notebook auf CAN-Bus ein sogenannter Bus-Converter benötigt. Ohne dieses Modul könnten lediglich die Daten ausgelesen werden. Die Möglichkeit, Testnachrichten zu versenden, wäre nicht gegeben.

Abbildung 4.4.2: *Bus-Converter TJA1054 High-Speed-Low-Speed der Fa. PEAK-System*

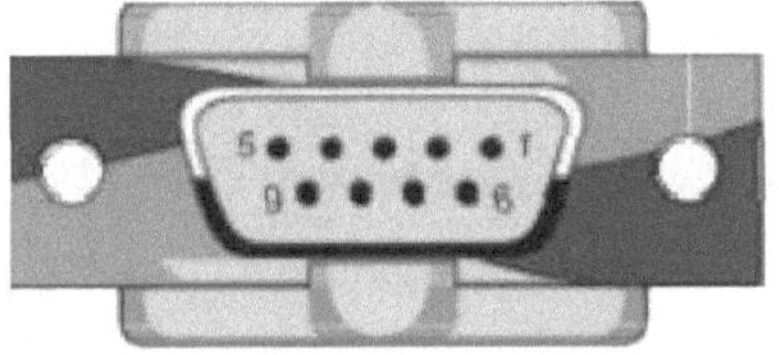

Abbildung 4.4.3: *D-SUB-Eingangsbuchse Richtung Interface*

Anschlussbelegung der Eingangsbuchse:

Pin	**1**	**2**	**3**	**4**	**5**	**6**	**7**	**8**	**9**
Belegung	5V Versorgung	CAN-L	GND	nicht belegt	nicht belegt	GND	CAN-H	nicht belegt	nicht belegt

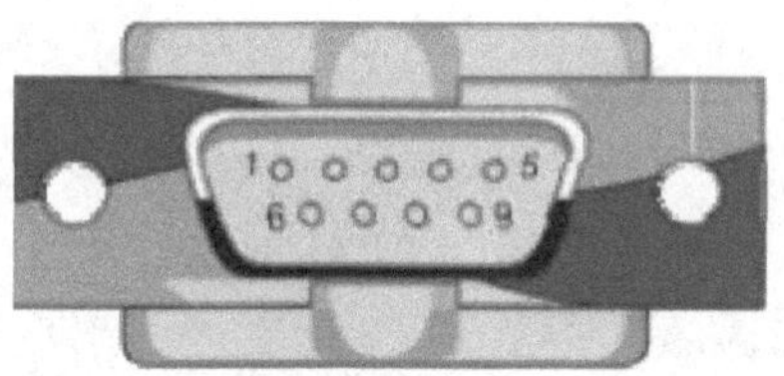

Abbildung 4.4.4: D-SUB-Ausgangsstecker Richtung CAN-Bus-Leitung

Anschlussbelegung des Ausgangssteckers:

Pin	1	2	3	4	5	6	7	8	9
Belegung	nicht belegt	CAN-L	GND	nicht belegt	nicht belegt	GND	CAN-H	nicht belegt	nicht belegt

Verbindungsleitung

Es wurde zusätzlich ein zweiadriges Kabel zum Verbinden der CAN-Bus-Leitung und des Bus-Converters angefertigt. An einem Ende ist eine D-SUB-Buchse angeschlossen (belegt gemäß oben stehender Tabelle mit Pin 2 und Pin 7) und am anderen Ende jeweils eine Laborklemme (*Abbildung 4.4.6*).

Die CAN-Bus-Leitung kann an beliebiger Stelle abgegriffen werden. Entschieden wurde sich für den bequemen Abgriff direkt unter der Mittelkonsole, wo sich das verdrillte Adernpaar leicht zugänglich lokalisieren lies (*Abbildung 4.4.5*).

Abbildung 4.4.5: *CAN-Bus-Leitung im Mercedes Benz SL500*

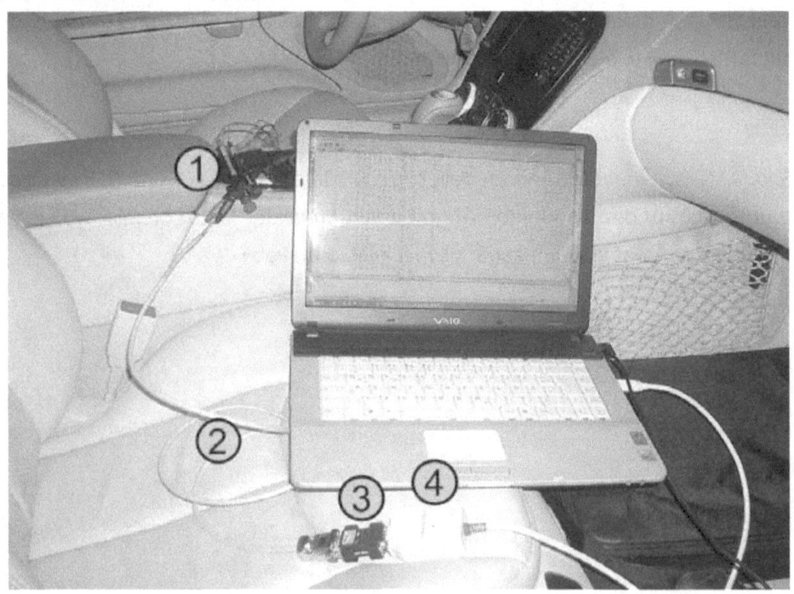

Abbildung 4.4.6: *Ankopplung Notebook an CAN-Bus-Leitung*

Auf der *Abbildung 4.4.6* zu sehen ist die Ankopplung des Notebooks an den CAN-Bus. Mit Nummern hervorgehoben wurden die bereits oben beschriebenen Komponenten, welche hier nochmals benannt werden:

1: CAN-Bus-Leitung; mittels Laborklemmen abgegriffen
2: selbst hergestellte Verbindungsleitung
3: Bus-Converter TJA1054 High-Speed-Low-Speed
4: PCAN-USB CAN-Interface

Zur Auswertung wird die Software PCAN-View der Fa. PEAK-System verwendet. Dies ist eine spezielle Software für CAN-Nachrichten, welche die Visualisierung der CAN-Nachrichten in Verbindung mit dem PCAN-PC-Adapter derselben Firma ermöglicht.

Das Programm erlaubt das gleichzeitige Senden und Empfangen von CAN-Nachrichten.

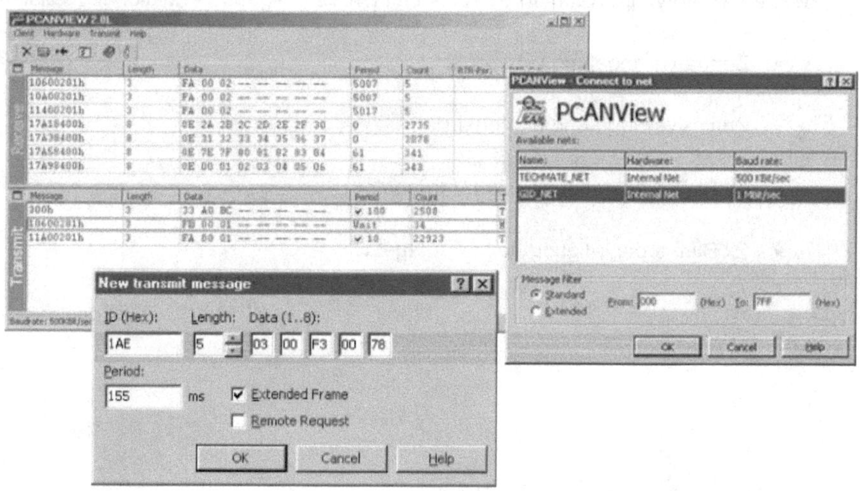

Abbildung 4.4.7: *Produktbild PCAN-View der Fa. PEAK-System*

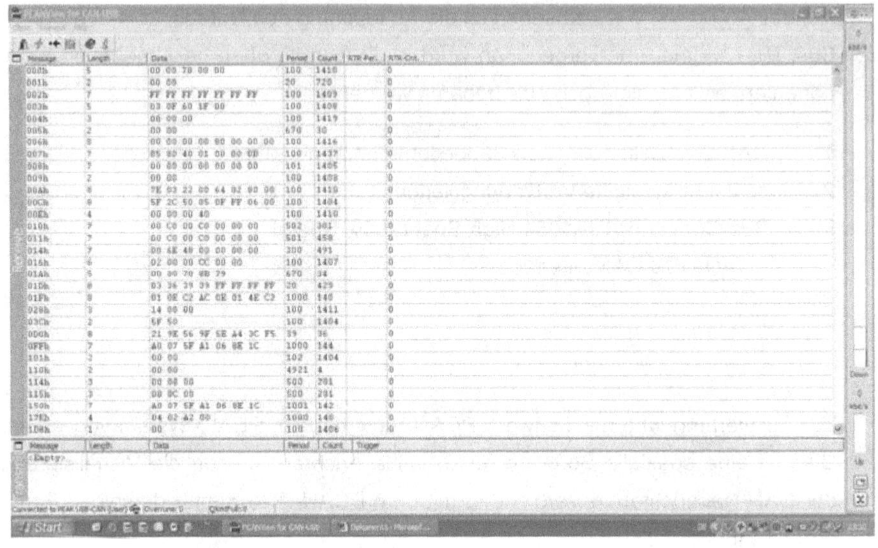

***Abbildung 4.4.8:** CAN-Bus-Daten Mercedes Benz SL500*

Bei dem Prototyp im Rahmen dieser Arbeit werden folgende Funktionen realisiert:

- Zentralverriegelung verriegeln
- Zentralverriegelung entriegeln
- 1x Blinkerbestätigung beim Verriegeln
- 2x Blinkerbestätigung beim Entriegeln

Analog dazu wird der Funktionsumfang des späteren serienreifen Produktes durch die folgenden Punkte erweitert werden:

- Türkontaktüberwachung
- Kofferraumkontaktüberwachung
- Zündungsüberwachung
- Ansteuerung Kofferraumöffner
- Ansteuerung Fensterheber

Konzentriert auf die oben benannten Funktionen, die der Prototyp realisieren soll, wird das Datenprotokoll ausgewertet. In den nachfolgenden Abbildungen sind die unterschiedlichen Datenänderungen der entsprechenden Adresse zu sehen.

Dazu wird die Funktion Zentralverriegelung verriegeln / Zentralverriegelung entriegeln herkömmlich per serienmässiger Fahrzeugfunkfernbedienung gesteuert.

So sucht man zunächst nach einer Adresse (ID), welche ihre Daten bei Betätigung der Zentralverriegelung ändert.

Es handelt sich in diesem Fall um die zuständige Adresse mit der ID „001h".

PCANView for CAN-USB

Client Transmit Help

Message	Length	Data	Period	Count	RTR-Per.	RTR-Cnt.
000h	5	00 00 77 00 00	100	2011		0
001h	2	00 00	20	1116		0
002h	7	FF FF FF FF FF FF FF	100	2010		0
003h	5	03 0F 60 1F 00	100	2009		0
004h	3	00 00 00	100	2019		0
005h	2	00 00	670	48		0
006h	8	00 00 00 00 80 00 00 00	101	2017		0
007h	7	44 80 53 11 00 00 0A	100	2048		0
008h	7	00 00 00 00 00 00 00	101	2006		0
009h	2	00 00	100	2009		0
00Ah	8	7E 03 21 00 64 00 00 00	100	2013		0
00Ch	8	5F 2C 50 05 0F FF 06 00	100	2004		0
00Eh	4	00 00 00 40	100	2011		0
010h	7	00 C0 00 C0 00 00 00	501	430		0
011h	7	00 C0 00 C0 00 00 00	501	588		0
014h	7	10 6F 48 00 06 00 00	301	696		0
016h	6	02 00 00 CC 00 00	100	2009		0
01Ah	5	00 00 70 8B 78	670	54		0

Receive

Abbildung 4.4.9: *Nullzustand; nichts wird betätigt*

PCANView for CAN-USB

Client Transmit Help

Message	Length	Data	Period	Count	RTR-Per.	RTR-Cnt.
000h	5	00 00 77 00 00	100	2242		0
001h	2	02 00	21	1160		0
002h	7	FF FF FF FF FF FF FF	100	2241		0
003h	5	03 0F 60 1F 00	100	2240		0
004h	3	00 00 00	100	2249		0
005h	2	03 23	21808	51		0
006h	8	00 00 00 00 80 00 00 00	99	2248		0
007h	7	04 80 D3 11 00 00 00	100	2280		0
008h	7	00 00 00 00 00 00 00	100	2237		0
009h	2	00 00	100	2240		0
00Ah	8	7E 03 21 00 64 00 00 00	100	2243		0
00Ch	8	5F 2C 50 05 0F FF 06 00	100	2235		0
00Eh	4	00 00 00 40	100	2242		0
010h	7	00 C0 00 C0 00 00 40	100	478		0
011h	7	00 C0 00 C0 00 00 40	100	636		0
014h	7	10 70 48 00 06 00 00	300	773		0
016h	6	02 00 00 CC 00 00	100	2240		0
01Ah	5	00 00 70 8B 78	21810	57		0

Receive

Abbildung 4.4.10: *Zentralverriegelung öffnen ohne Blinkerbetätigung*

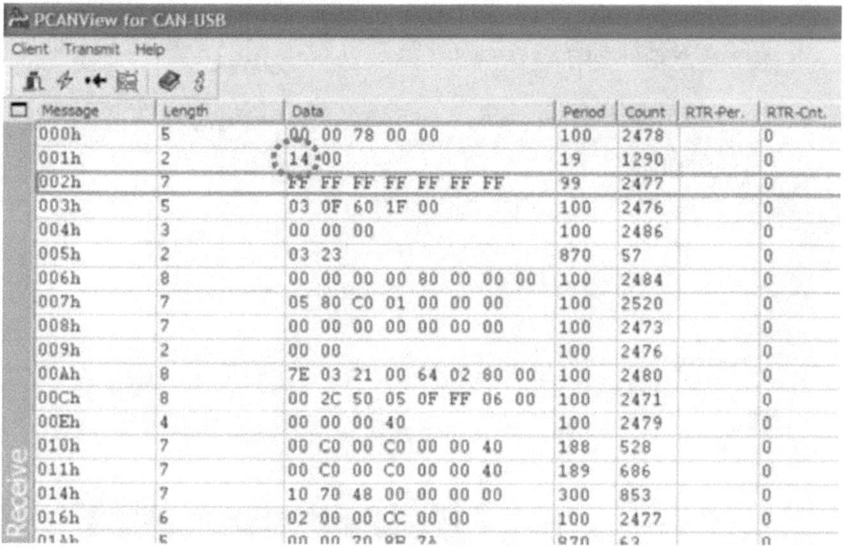

PCANView for CAN-USB

Client Transmit Help

Message	Length	Data	Period	Count	RTR-Per.	RTR-Cnt.
000h	5	00 00 78 00 00	100	2478		0
001h	2	14 00	19	1290		0
002h	7	FF FF FF FF FF FF FF	99	2477		0
003h	5	03 0F 60 1F 00	100	2476		0
004h	3	00 00 00	100	2486		0
005h	2	03 23	870	57		0
006h	8	00 00 00 00 80 00 00 00	100	2484		0
007h	7	05 80 C0 01 00 00 00	100	2520		0
008h	7	00 00 00 00 00 00 00	100	2473		0
009h	2	00 00	100	2476		0
00Ah	8	7E 03 21 00 64 02 80 00	100	2480		0
00Ch	8	00 2C 50 05 0F FF 06 00	100	2471		0
00Eh	4	00 00 00 40	100	2479		0
010h	7	00 C0 00 C0 00 00 40	188	528		0
011h	7	00 C0 00 C0 00 00 40	189	686		0
014h	7	10 70 48 00 00 00 00	300	853		0
016h	6	02 00 00 CC 00 00	100	2477		0
01Ah	5	00 00 70 9B 7A	870	63		0

Receive

Abbildung 4.4.11: *Zentralverriegelung schliessen mit Blinkerbetätigung*

In Abbildung 4.4.10 und Abbildung 4.4.11 ist folgendes zu sehen:

Die Nachricht der ID 001h ändert sich im ersten Bit. zwischen Zentralverriegelung öffnen und Zentralverriegelung schliessen ändert sich die Nachricht von „x2“ auf „x4“.

Um die Richtigkeit der erfassten Daten zu kontrollieren, bietet die Software die Möglichkeit, Nachrichten zu senden:

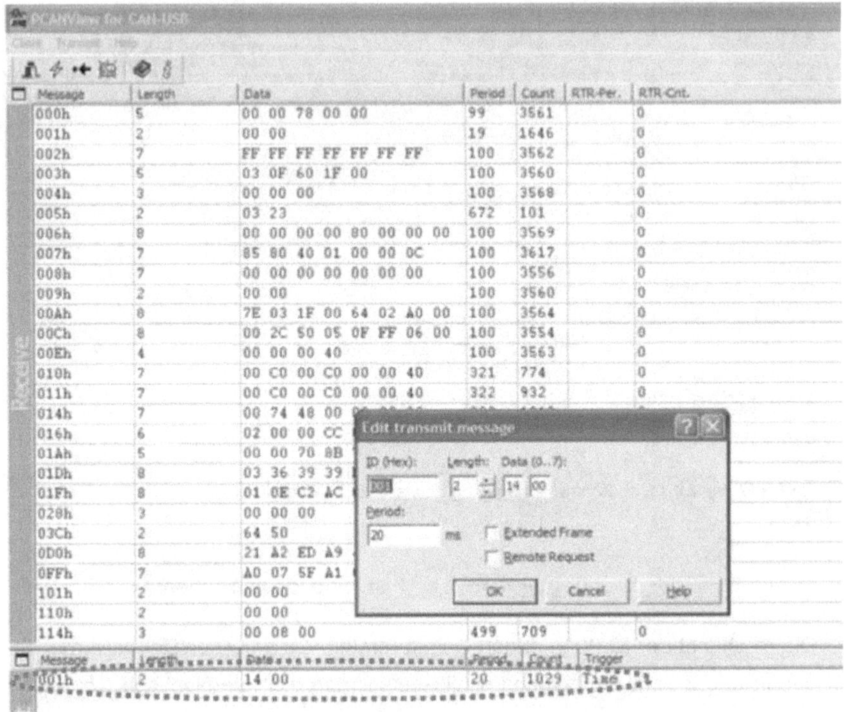

Abbildung 4.4.12: *gesendete Nachricht „Zentralv. schliessen mit Blinkerbetätigung“*

Bei dem Senden der erfassten Daten wurde festgestellt, dass die gewünschte Funktion nicht nur einmal ausgeführt wird, sondern fortlaufend.

Dies erfordert das sofortige Senden einer Nachricht „00 00“, um die Funktion zurückzusetzen.

Somit ist der Nachrichtenverkehr für die im Rahmen dieser Diplomarbeit gewünschten Funktionsrealisierung bekannt.

Analog zu dieser Vorgehensweise werden später zur Erstellung des serienreifen Produktes die weiteren geforderten Daten erfasst.

4.5 Gestaltung Software (Firmware)

Die Funktionsanforderungen dieses CAN-Bus-Adapters stellen sich wie folgt dar:

1. Zentralverriegelung durch Analogsignal öffnen (ZV-Open)
2. Zentralverriegelung durch Analogsignal schliessen (ZV-Close)

Es muss die gewünschte Funktion ausgeführt werden, wenn das nachzurüstende Fremdprodukt ein analoges Masse-Signal zum Öffnen bzw. Schliessen der Zentralverriegelung sendet. Diese beiden Masse-Signale müssen dementsprechend vom CAN-Bus-Adapter erfasst werden. Es werden folglich hierfür zwei Eingänge auf dem CAN-Bus-Adapter benötigt.

Deklariert werden die beiden Eingänge wie folgt:

1. ZV-Open Eingang ("Zustand ZV-Open")
2. ZV-Close Eingang ("Zustand ZV-Close")

Eine weitere Anforderung ist, beide Eingänge gegen den Einfluss von Störsignalen zu schützen. Es könnte ansonsten passieren, dass ein Störsignal als zu erfassendes Masse-Signal für ZV-Open oder ZV-Close interpretiert wird. Realisiert wird dies durch das sogenannte „Entprellen“. Das Entprellen wird per Software realisiert.

Eine Möglichkeit der Visualisierung der Zusammenhänge und Abhängigkeiten in den Programmabläufen ist die „Statemachine“. Übersetzt bedeutet der Begriff „Zustandsautomat“. Zustandsautomaten werden hauptsächlich dafür verwendet um komplexe Abläufe in kleinere "Unterabläufe" zu unterteilen, die einfacher zu überblicken sind und von weniger Randbedingungen abhängen. Dadurch kann ein komplexes Problem in Teilschritte zerlegt werden.

Für die geforderten Funktionen ZV-Open und ZV-Close sind die Zustandsautomaten des Entprellens nachfolgend dargestellt.

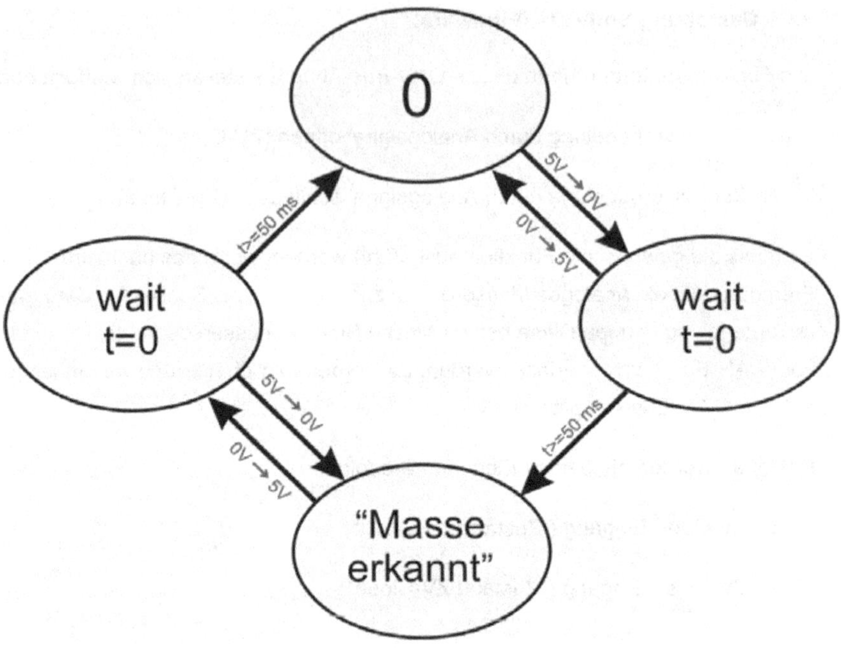

Abbildung 4.5.1: *Zustandsautomat „Eingang entprellt lesen"*

In Abbildung 4.5.1 ist das Entprellen eines Eingangs durch einen Zustandsautomaten dargestellt. Es existiert pro zu entsprellenden Eingang je ein Zustandsautomat. An den beiden Eingängen muss jeweils im Nullzustand eine Referenzspannung von 5V anliegen. Dies ist erforderlich, da ein Signalwechsel auf Masse-Signal erkannt werden soll.

Im Nullzustand „0" wird beim Signalwechsel von 5V → Masse in den Zustand „wait" übergegangen. Der Timer wird auf „0" gesetzt und gestartet. Wenn >= 50 ms vergangen sind, dann wird der Zustand (daher der Name Zustandsautomat) in "Masse erkannt" gewechselt.

Sofern jedoch vor Ablauf des Timers ein 5V-Signal anliegt, wird der Signalwechsel als Störsignal interpretiert und zum Zustand „0" zurückgekehrt.

Der Status „Masse erkannt“ wird wieder verlassen, wenn Masse → 5V wechselt. Es wird in einen erneuten Zustand „wait“ übergegangen. Auch hier wird ein Timer von 50 ms auf den Wert „0“ gesetzt und gestartet. Liegt nach Ablauf des Timers noch ein 5V-Signal an, so wird zum Zustand „0“ zurückgekehrt.

Sofern jedoch vor Ablauf des Timers wieder ein Masse-Signal anliegt, wird der Signalwechsel als Störsignal interpretiert und zum Zustand „Masse erkannt“ zurückgekehrt.

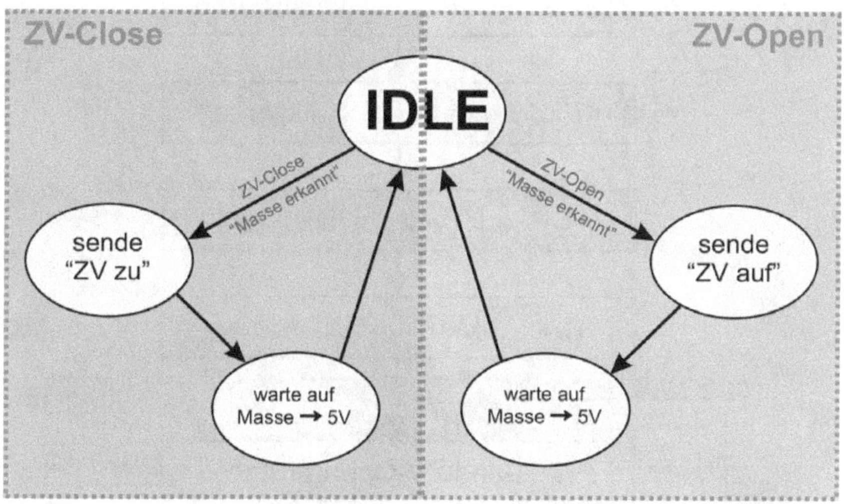

Abbildung 4.5.2: *Zustandsautomat für das Senden der CAN-Nachricht*

Abbildung 4.5.2 umschreibt den Zustandsautomaten für das Senden der CAN-Nachrichten exemplarisch. In Programmiersprache C ist dies auch später in Abbildung 4.5.15 dargestellt.

Im Zustand IDLE werden die Zustandsautomaten für die beiden Eingänge nach Ihrem aktuellen Zustand abgeprüft. Wenn ein Tastendruck erkannt ist, wird der Zustand gewechselt in "sende ZV auf" und es wird/werden die CAN-Nachricht(en) gesendet.

Wechselt anschliessend das Signal von Masse → 5V, wird in den Zustand IDLE zurückgekehrt. Ebenso ist der Ablauf für den Befehl „ZV zu“.

Die Programmstruktur des kompletten Programms lässt sich wie folgt verdeutlichen:

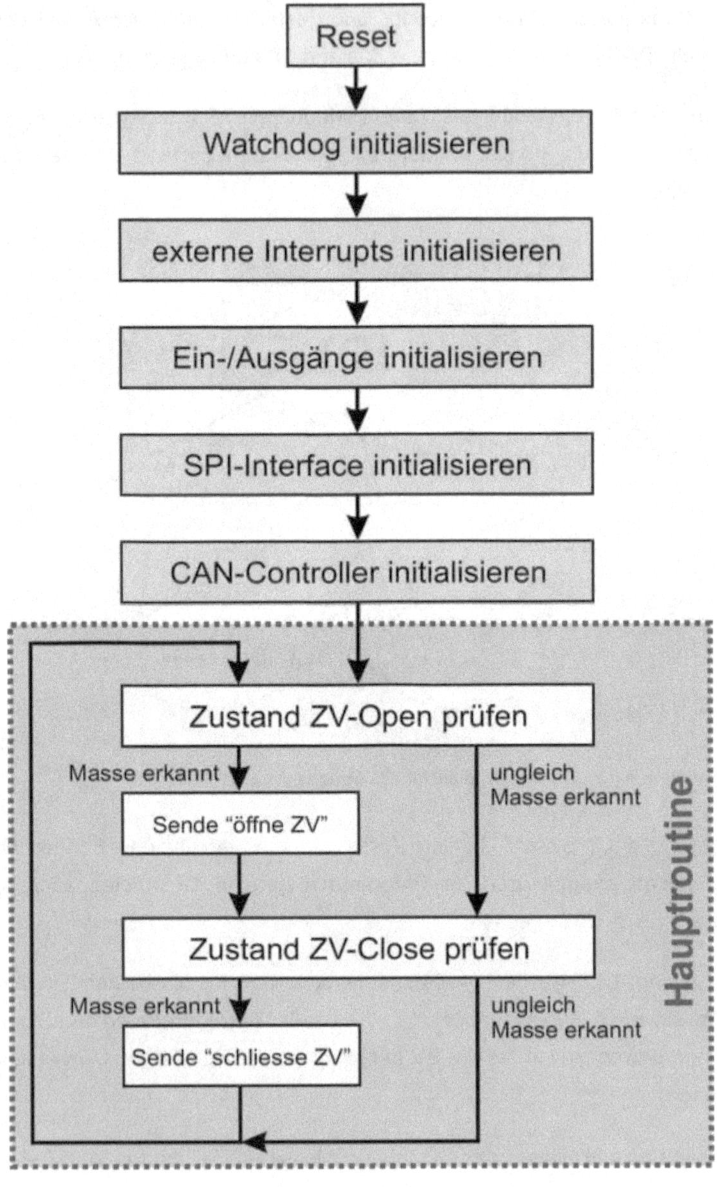

Abbildung 4.5.3: *Programmablaufstruktur*

Die Hauptroutine des Programms besteht im Wesentlichen aus den zuvor beschriebenen Zustandsautomaten "Zustand ZV-Open prüfen" und " Zustand ZV-Close prüfen" mit den jeweiligen CAN-Nachrichten-Sendungen, die nacheinander mit jedem Durchlauf ausgeführt werden. Umgesetzt wird dies in der in *Abbildung 4.5.3* zu entnehmenden Reihenfolge.

Zur Programmierung der Software in der Programmiersprache C wird zum einen die von der Firma ATMEL angebotene Software-Lösung „AVR Studio“, zum anderen das Software-Paket WinAVR verwendet.

WinAVR bietet einen etwas komfortableren Programmier-Editor, weswegen zur grundlegenden Programmerstellung diese Oberfläche verwendet wird.

Um zu sehen, ob das entwickelte Programm die gewünschte Funktion erfüllt, bietet sich das AVR Studio mit seinem enthaltenen Simulator besonders an. Diese Einsatzmöglichkeit ist ein sehr grosser Vorteil bei eventuellen Fehlersuchen.

Sofern das Programm fehlerfrei arbeitet, wird es per Hardware-Schnittstelle ebenfalls mit dem AVR Studio direkt auf den Mikro-Controller übertragen.

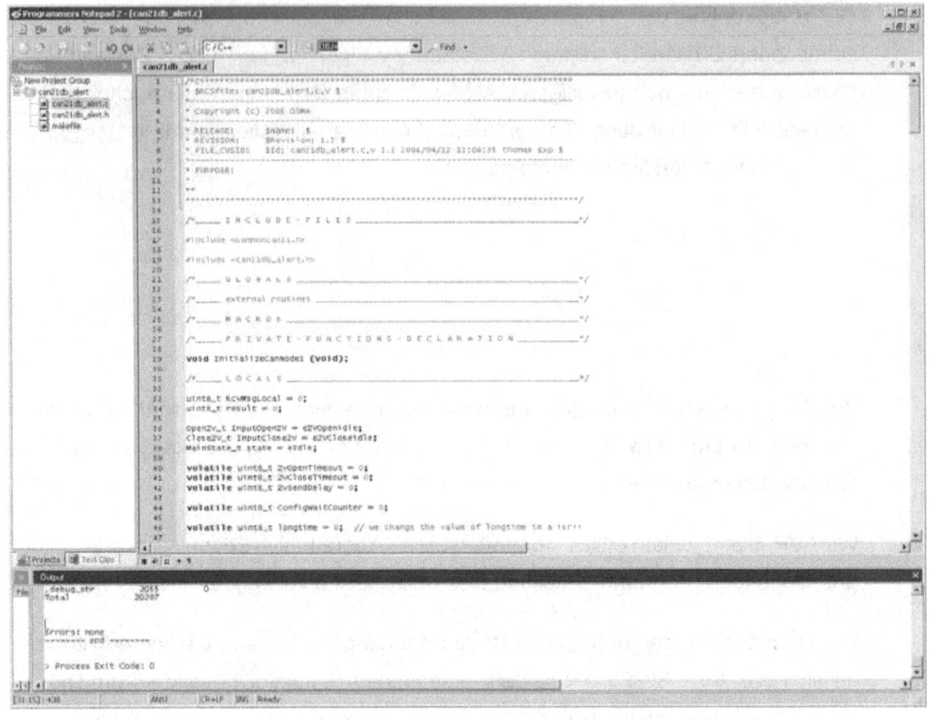

Abbildung 4.5.4: *Programmieroberfläche „Programmers Notepad“ mit Compiler WINAvr*

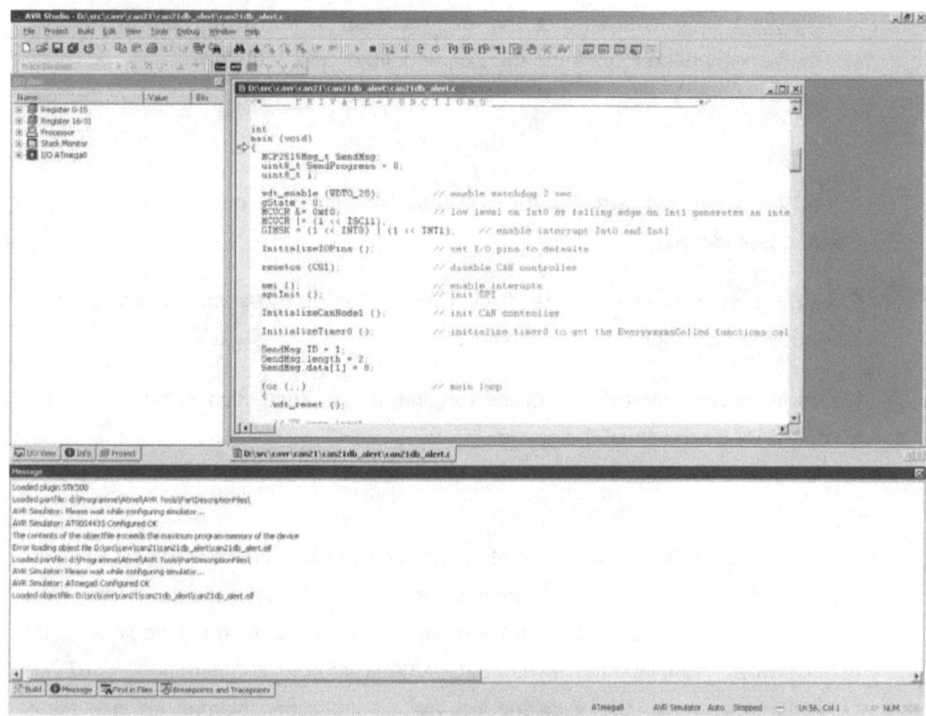

Abbildung 4.5.5: *Simulator Oberfläche ATMEL AVR Studio 4*

Im Folgenden werden auszugsweise einzelne Programmausschnitte zur Verdeutlichung erläutert.

```
typedef enum
{ eZVOpenidle, eZVOpenwait, eZVOpendetected, eZVOpenwaitrelease } OpenZV_t;

typedef enum
{ eZVCloseidle, eZVClosewait, eZVClosedetected, eZVClosewaitrelease } CloseZV_t;

typedef enum
{ eIdle, eSendOpen, eWaitReleaseOpen, eSendClose, eWaitReleaseClose } MainState_t;
```

Abbildung 4.5.6: *Deklarierung der enums*

In *Abbildung 4.5.6* sind die drei sog. enums (=Aufzählungstypen) deklariert, welche die verschiedenen Zustände der Zustandsautomaten darstellen.

OpenZV_t ist der Typ, welcher für den Zustandsautomaten des Eingangs für „ZV Open" zuständig ist.

CloseZV_t ist entsprechend der Typ, welcher für den Zustandsautomaten des Eingangs für „ZV Close" zustandändig ist.

MainState_t beschreibt die möglichen Zustände der Zustandsautomaten, welche für das CAN-Senden zuständig sind.

Für einen Zustandsautomaten könnte man auch Ganzzahlen verwenden. Ein Aufzählungstyp wird vom Compiler ebenfalls wie eine Zahl gehandhabt. Intern weist der Compiler jedem aufgezähltem Element eine Nummer von 0 beginnend zu (eZVOpenidle kompilerintern = 0, eZVOpenWait ist compilerintern = 1, ... eZVOpenwaitrelease = 3). Die Verwendung von symbolischen Namen für die unterschiedlichen Zustände macht den Code für den Programmierer selbstverständlich besser lesbar.

```
wdt_enable (WDTO_2S);            // enable watchdog 2 sec.
```

Abbildung 4.5.7: *Watchdog initialisieren*

Das Initialisieren des Watchdogs (*Abbildung 4.5.7*) reduziert sich auf den Aufruf von wdt_enable (WDT0_2S). Dadurch wird der Watchdog eingeschaltet und auf 2 Sekunden gesetzt. D.h. der Watchdog Timer führt alle 2 Sekunden einen Hardware Reset durch, wenn er nicht innerhalb dieser Zeit zurückgesetzt wird (Aufruf von wdt_reset() in der Hauptschleife for (;;) {}). Dadurch ist gewährleistet, dass der

Mikrocontroller spätestens nach 2 Sekunden einen Reset durchführt, wenn er die Hauptschleife nicht erwartungsgemäß durchläuft. So wird die Möglichkeit des Neustarts nach einem evtl. Hängenbleiben gewährleistet.

```
MCUCR &= 0xf0;                    // low level on Int0 or falling edge on Int1 generates an interrupt
MCUCR |= (1 << ISC11);
GIMSK = (1 << INT0) | (1 << INT1);   // enable interrupt Int0 and Int1
```

Abbildung 4.5.8: *externe Interrupts initialisieren*

Das Initialisieren der Interrupts ist in Abbildung 4.5.8 zu sehen. Bei bestimmten Ereignissen in Prozessoren wird ein sogenannter "Interrupt" ausgelöst. Dabei wird das Programm unterbrochen und ein Unterprogramm aufgerufen. Wenn dieses beendet ist, läuft das Hauptprogramm ganz normal weiter. Dieses Unterprogramm wird auch ISR (interrupt service routine) genannt.

Bei Mikrocontrollern werden Interrupts z.B. ausgelöst wenn:

- sich der an einem bestimmter Eingangs-Pin anliegende Wert von High auf Low ändert (oder umgekehrt)
- eine vorher festgelegte Zeitspanne abgelaufen ist
- eine serielle Übertragung abgeschlossen ist

Der ATMega8 besitzt 18 verschiedene Interruptquellen. Standardmäßig sind diese alle deaktiviert und müssen über verschiedene IO-Register einzeln eingeschaltet werden. INT0 wird ausgelöst, wenn sich der an PD2 (Pin 4) anliegende Wert ändert, INT1 reagiert auf Änderungen an PD3 (Pin 5).

Die Register MCUCR und GIMSK gehören zu den IO-Registern. Auf sie wird zu den im Folgenden beschriebenen Zwecken zugegriffen.

MCUCR (microcontroller control register):
Darin kann eingestellt werden, wie der Kontroller auf einen externen Interrupt im Bezug auf fallende Flanke, steigende Flanke, levelsensitiv reagiert.

GIMSK (general interrupt mask register):
Hier können die externen Interrupts ein- und ausgeschaltet werden.

```
InitializeIOPins ();                // set I/O pins to defaults
```

Abbildung 4.5.9: *Ein-/Ausgänge initialisieren*

Hier werden die IO-Pins (Ein-/Ausgänge) initialisiert.

```
InitializeCanNode1 ();              // init CAN controller
```

Abbildung 4.5.10: *Aufruf CAN-Controller Initialisierung*

Abbildung 4.5.10 stellt den Aufruf der Routine dar, welche den CAN-Controller initialisiert (s. auch *Abbildung 4.5.11*).

```
/*F*****************************************************************************
 * FUNCTION_NAME: InitializeCanNode1 (void)
 *------------------------------------------------------------------------------
 * PARAMS:   none
 * return:   none
 *------------------------------------------------------------------------------
 * PURPOSE: initalize CAN controller
 *
 ******************************************************************************/
void
InitializeCanNode1 (void)
{
  MCP2515InitValues_t mcpinit;

  mcpinit.RxBuf0Mask = 0x7ff;
  mcpinit.RxBuf1Mask = 0x7ff;
  mcpinit.Filter0ID = 0x000;
  mcpinit.Filter1ID = 0x003;
  mcpinit.Filter2ID = 0x00a;
  mcpinit.Filter3ID = 0x1a8;
  mcpinit.Filter4ID = 0x1a8;
  mcpinit.Filter5ID = 0x1a8;
  mcpinit.MCPBFPCTRL = 0x00;     // register BFPCTRL of MCP2515 controller
  mcpinit.MCPCANINTE = 0x03;     // register CANINTE of MCP2515 controller
  mcpinit.MCPRXB0CTRL = 0x20;    // register RXB0CTRL of MCP2515 controller
  mcpinit.MCPRXB1CTRL = 0x20;    // register RXB1CTRL of MCP2515 controller
  mcpinit.MCPCANSpeed = CANSPEED83K3;    // can speed of the can controller
  mcpinit.ModeOfOperation = CANNORMALMODE;

  MCP2515InitDyn (CS1, &mcpinit);        // Init Can Controller local network
}
```

Abbildung 4.5.11: *CAN-Controller initialisieren*

Abbildung 4.5.11 stellt die Initialisierung des CAN-Controllers dar. Zuerst wird eine Struktur (vom Typ MCP2515InitValue_t) gefüllt. Im Anschluss wird die Funktion MCP2515InitDyn() aufgerufen, die die Werte in den CAN-Controller überträgt. Die Definitionen hierfür sind in Abbildung 4.5.13 zu sehen. Die Werte in RxBuf0Mask, RxBuf1Mask, ... legen das Verhalten des CAN-Controllers fest. D.h. das Verhalten mit dem Umgang der CAN-Nachrichten wird in unserem Fall so eingestellt, dass nur Nachrichten mit den ID's 0x000, 0x003, 0x00a, 0x1a8 empfangen werden. Entscheidend für die Anbindung an das Basisfahrzeug sind die Werte MCPCANSpeed = CANSPEED83K3 (83,3 kBit) und ModeOfOperation = CAN-NORMALMODE.

Der CAN-Controller könnte auch in einem LISTENONLY-Modus betrieben werden, in dem er nur am CAN-Bus mithört aber nichts sendet (auch nicht senden kann). In diesem Prototyp ist jedoch auch das Schreiben auf den CAN-Bus erforderlich. Deswegen wird CANNORMALMODE eingestellt.

```
#define GETZVOPENINPUT  ((PINC & (1<<PC4)) >0? (1):(0))
#define GETZVCLOSEINPUT  ((PINC & (1<<PC5)) >0? (1):(0))
```

Abbildung 4.5.12: *Definition der Makros GETZVOPENINPUT und GETZVCLOSEINPUT*

In Abbildung 4.5.12 ist definiert, was die Makros „GETZVOPENINPUT" und „GETZVCLOSEINPUT" bedeuten. Wie zu sehen ist, wird das PIN-Register des Ports gelesen. Genau werden die Bits PC4 (ZVOPEN) und PC5 (ZVCLOSE) übergeprüft. An dieser Stelle wird der tatsächliche Wert gelesen, der am Pin des Mikrocontrollers anliegt.

```
typedef struct
{
  uint16_t RxBuf0Mask;
  uint16_t RxBuf1Mask;
  uint16_t Filter0ID;
  uint16_t Filter1ID;
  uint16_t Filter2ID;
  uint16_t Filter3ID;
  uint16_t Filter4ID;
  uint16_t Filter5ID;
  uint8_t  MCPBFPCTRL;      // register BFPCTRL of MCP2515 controller
  uint8_t  MCPCANINTE;      // register CANINTE of MCP2515 controller
  uint8_t  MCPRXB0CTRL;     // register RXB0CTRL of MCP2515 controller
  uint8_t  MCPRXB1CTRL;     // register RXB1CTRL of MCP2515 controller
  uint8_t  MCPCANSpeed;     // determine the can speed
  uint8_t  ModeOfOperation; // set to listen only mode or to normal mode
}
MCP2515InitValues_t;
```

Abbildung 4.5.13: *Definition des Datentyps MCP2515InitValues_t*

In *Abbildung 4.5.13* sind die Definitionen des Datentyps „MCP2515InitValues_t", wie in „InitializeCanNode1" (s. auch *Abbildung 4.5.11*) verwendet wird, festgehalten.

Der Programmablauf beinhaltet drei wesentliche Zustandsautomaten. Erstens den Zustandsautomaten für „ZV Öffnen (OpenZV_t)", zweitens den Zustandsautomaten für „ZV Schliessen (CloseZV_t)" und drittens den Haupt-Zustandsautomaten für die Koordination aller Zustandsautomaten (mainState_t).

Bei Programmstart werden die Zustände wie in *Abbildung 4.5.14* festgelegt (s. auch *Abbildung 4.5.4*):

```
OpenZV_t InputOpenZV = eZVOpenidle;
CloseZV_t InputCloseZV = eZVCloseidle;
MainState_t state = eIdle;
```

Abbildung 4.5.14: *Startdefinition der einzelnen Zustände*

Beispielhaft werden im Folgenden Auszüge des „ZV Öffnen"-Programmteils erläutert. Analog dazu beinhaltet das Programm den Teil für „ZV Schliessen".

```
switch (state)
{
case eIdle:
  if (InputOpenZV == eZVOpendetected)
  {
  else if (InputCloseZV == eZVClosedetected)
  {
  break;
case eSendOpen:
  switch (SendProgress)
  {
  break;
case eWaitReleaseOpen:
  if (InputOpenZV == eZVOpenidle)
    state = eIdle;
  break;
case eSendClose:
  switch (SendProgress)
  {
  break;
case eWaitReleaseClose:
  if (InputCloseZV == eZVCloseidle)
    state = eIdle;
  break;
default:
  break;
}                        // switch (state) {}
```

***Abbildung 4.5.15:** Haupt-Zustandsautomat für das Senden der CAN-Nachricht (mainState)*

In *Abbildung 4.5.15* ist der Zustandsautomat festgehalten, der für das Senden der CAN-Nachrichten zuständig ist. Exemplarisch ist dies auch in *Abbildung 4.5.2* dargestellt.

Im Zustand „eIdle“ (z.B. nach Programmstart) wird gewartet, ob eine Aktion für „ZV Öffnen“ oder „ZV Schliessen“ registriert wird. Es wird dann ein weiteres Unterprogramm aufgerufen, welches wiederum die entsprechende Statemachine für „ZV Öffnen“ (eSendOpen) oder „ZV Schliessen“ (eSendClose) aufruft.

```
// ZV open input

switch (InputOpenZV)
{
case eZVOpenidle:
  if (GETZVOPENINPUT == 0)
  {
    InputOpenZV = eZVOpenwait;
    ZvOpenTimeout = 0;
    SETSTATE (COUNTZVOPEN);
  }
  break;
case eZVOpenwait:
  if (GETZVOPENINPUT == 1)
  {
    InputOpenZV = eZVOpenidle;
    CLRSTATE (COUNTZVOPEN);
  }
  else if (ZvOpenTimeout >= 5)
  {
    InputOpenZV = eZVOpendetected;
    CLRSTATE (COUNTZVOPEN);
  }
  break;
case eZVOpendetected:
  if (GETZVOPENINPUT == 1)
  {
    InputOpenZV = eZVOpenwaitrelease;
    ZvOpenTimeout = 0;
    SETSTATE (COUNTZVOPEN);
  }
  break;
case eZVOpenwaitrelease:
  if (GETZVOPENINPUT == 0)
  {
    InputOpenZV = eZVOpendetected;
    CLRSTATE (COUNTZVOPEN);
  }
  else if (ZvOpenTimeout >= 5)
  {
    CLRSTATE (COUNTZVOPEN);
    InputOpenZV = eZVOpenidle;
  }
  break;
default:
  break;
}                                    // switch(InputOpenZV)
```

Abbildung 4.5.16: *Auszug Hauptroutine für „ZV Öffnen" / „ZV open"*

Im Falle für „ZV Öffnen“ (InputOpenZV == eZVOpendetected) wird der in *Abbildung 4.5.16* zu sehende Teil der Hauptroutine aufgerufen, welcher den ZV-OPEN-Eingang inkl. Entprellung realisiert. In *Abbildung 4.5.3* entspricht dies dem Begriff "Zustand ZV-Open prüfen". Es werden hier auch z.B. die Makros (GETZ-VOPENINPUT, GETZVCLOSEINPUT) aus *Abbildung 4.5.12* verwendet. In der Variable InputOpenZV wird der jeweilige Zustand des Zustandsautomaten gespeichert.

Mit switchen zu „InputOpenZV = eZVOpendetected“ wird in der „mainState“ (*Abbildung 4.5.15*) ein weiteres Unterprogramm zum Aufruf des letztlich sendenden Programmteils „eSendOpen“ gestartet.

```
// Type Definitions
typedef struct
{
    uint16_t ID;
    uint8_t length;
    uint8_t data[8];  // was: 7, new: 8
}
MCP2515Msg_t;
```

***Abbildung 4.5.17:** Definition der Struktur der zu sendenden Nachricht*

In *Abbildung 4.5.17* wird die Struktur der CAN-Nachricht festgelegt, wie sie in später gesendet werden soll.

Ausgelesen wurden, wie in Kapitel 4.4 beschrieben, die folgenden Daten:

ZV Öffnen:	**ID:** 0x01	**Data [Byte 0]:** 02	**Data [Byte 1]:** 00	**Periode:** 20 ms
ZV Schliessen:	**ID:** 0x01	**Data [Byte 0]:** 04	**Data [Byte 1]:** 00	**Periode:** 20 ms
Blinker Li+Re:	**ID:** 0x05	**Data [Byte 0]:** 03	**Data [Byte 1]:** 23	**Periode:** 670 ms

Wie festgestellt wurde, muss nach jedem Befehl für "ZV Öffnen" und "ZV Schliessen" jeweils der Befehl „00 00“ an ID 0x01 gesendet werden.

Die Nachrichtenlänge beträgt jeweils zwei Byte und wurde bereits *Abbildung 4.5.5* in mit „SendMsg.length = 2“ entsprechend definiert.

Diese Daten müssen in „eSendOpen“ (*Abbildung 4.5.18*, *Abbildung 4.5.19*) bzw. „eSendClose“ integriert und somit per CAN-Nachricht gesendet werden.

```
case eSendOpen:
  switch (SendProgress)
  {
  case 0:
    SendMsg.ID = 0x01;
    SendMsg.data[1] = 0;
    SendMsg.data[0] = 0;
    MCP2515SendMsg (CS1, &SendMsg);
    ZvSendDelay = 0;
    SETSTATE (COUNTSENDDELAY);
    SendProgress++;
    break;
  case 1:
    if (ZvSendDelay >= 2)
      SendProgress++;
    break;
  case 2:
    SendMsg.data[0] = 0x02;
    MCP2515SendMsg (CS1, &SendMsg);
    ZvSendDelay = 0;
    SendProgress++;
    break;
  case 3:
    if (ZvSendDelay >= 2)
      SendProgress++;
    break;
  case 4:
    SendMsg.data[0] = 0x00;
    MCP2515SendMsg (CS1, &SendMsg);
    ZvSendDelay = 0;
    SendProgress++;
    break;
  case 5:
    if (ZvSendDelay >= 40)
      SendProgress++;
    break;
  case 6:
    SendMsg.ID = 0x05;
```

Abbildung 4.5.18: *„eSendOpen" - Senden der CAN-Nachricht „ZV Öffnen"; Teil 1*

Erläuterung zu *Abbildung 4.5.18*:

zu „`case 0`": `SendMsg.ID = 0x01` ➔ *Nachricht an ID 0x01 vorbereitet*

`SendMsg.data[1] = 0` ➔ *„0" an Byte 1 vorbereitet*

`SendMsg.data[0] = 0` ➔ *„0" an Byte 0 vorbereitet*

`MCP2515SendMsg (CS1, &SendMsg)` ➔ *Senden*

```
...
SendProgress ++
```

Hinweis: *Es wird hier also eine „00 00" an ID 0x01 vorweg gesendet und mit „SendProgress ++" um einen Schritt (case) erhöht.*

zu „`case 1`": `if (ZVSendDelay >= 2)` ➔ *Periodendauer von 20 ms*

zu „`case 2`": `SendMsg.data[0] = 0x02` ➔ *„02" an Byte 0 vorbereitet*

`MCP2515SendMsg (CS1, &SendMsg)` ➔ *Senden*

```
...
SendProgress ++
```

Hinweis: *Es wird hier eine „02" an Byte 0 von ID 0x01 für „ZV Öffnen" gesendet und mit „SendProgress ++" um einen Schritt (case) erhöht.*

Würde hier eine „04" an Byte 0 von ID 0x01 gesendet werden, wäre das der Befehl für „ZV Schliessen"!

zu „`case 3`": `if (ZVSendDelay >= 2)` ➔ *Periodendauer von 20 ms*

zu „`case 4`": `SendMsg.data[0] = 0` ➔ *„0" an Byte 0 vorbereitet*

`MCP2515SendMsg (CS1, &SendMsg)` ➔ *Senden*

```
...
SendProgress ++
```

Hinweis: *Es wird hier eine „00" an Byte 0 von ID 0x01 nachgesendet und mit „SendProgress ++" um einen Schritt (case) erhöht.*

zu „`case 5`": `if (ZVSendDelay >= 40)` ➔ *Periodendauer von 400 ms*

```
      break;
    case 6:
      SendMsg.ID = 0x05;
      SendMsg.data[0] = 0x03;
      SendMsg.data[1] = 0x23;
      MCP2515SendMsg (CS1, &SendMsg);
      ZvSendDelay = 0;
      SendProgress++;
      break;
    case 7:
      if (ZvSendDelay >= 67)
        SendProgress++;
      break;
    case 8:
      SendMsg.ID = 0x05;
      SendMsg.data[0] = 0x03;
      SendMsg.data[1] = 0x23;
      MCP2515SendMsg (CS1, &SendMsg);
      ZvSendDelay = 0;
      SendProgress++;
      break;
    case 9:
      if (ZvSendDelay >= 67)
        SendProgress++;
      break;
    case 10:
      SendMsg.ID = 0x05;
      SendMsg.data[0] = 0x00;
      SendMsg.data[1] = 0x00;
      MCP2515SendMsg (CS1, &SendMsg);
      CLRSTATE (COUNTSENDDELAY);
      state = eWaitReleaseOpen;
      break;
    default:
      break;
    }                          //switch (SendProgress)
    break;
```

***Abbildung 4.5.19:** „eSendOpen“ - Senden der CAN-Nachricht „ZV Öffnen“; Teil 2*

Erläuterung zu Abbildung 4.5.19:

zu „case 6“: `SendMsg.ID = 0x05` ➔ *Nachricht an ID 0x05 vorbereitet*

`SendMsg.data[0] = 0x03` ➔ *„03“ an Byte 0 vorbereitet*

`SendMsg.data[1] = 0x23` ➔ *„23“ an Byte 1 vorbereitet*

`MCP2515SendMsg (CS1, &SendMsg)` ➔ *Senden*

```
...
SendProgress ++
```

Hinweis: Es wird hier also eine „03 23“ an ID 0x05 für 1x Blinkerbetätigung gesendet und mit „SendProgress ++“ um einen Schritt (case) erhöht.

zu „case 7“: `if (ZVSendDelay >= 67)` ➔ *Periodendauer von 670 ms*

zu „case 8“: `SendMsg.ID = 0x05` ➔ *Nachricht an ID 0x05 vorbereitet*

`SendMsg.data[0] = 0x03` ➔ *„03“ an Byte 0 vorbereitet*

`SendMsg.data[1] = 0x23` ➔ *„23“ an Byte 1 vorbereitet*

`MCP2515SendMsg (CS1, &SendMsg)` ➔ *Senden*

```
...
SendProgress ++
```

Hinweis: Es wird hier nochmals eine „03 23“ an ID 0x05 für die zweite Blinkerbetätigung gesendet und mit „SendProgress ++“ um einen Schritt (case) erhöht.

zu „case 9“: `if (ZVSendDelay >= 67)` ➔ *Periodendauer von 670 ms*

zu „case 10“: `SendMsg.ID = 0x05` ➔ *Nachricht an ID 0x05 vorbereitet*

`SendMsg.data[0] = 0x00` ➔ *„00“ an Byte 0 vorbereitet*

`SendMsg.data[1] = 0x00` ➔ *„00“ an Byte 1 vorbereitet*

`MCP2515SendMsg (CS1, &SendMsg)` ➔ *Senden*

```
...
```

`state = eWaitReleaseOpen` ➔ *Zustandsänderung*

Hinweis: Zum Abschluss wird eine „00 00“ an ID 0x05 nachgesendet und mit „state = eWaitReleaseOpen“ in den Zustand „eWaitReleaseOpen“ übergegangen, was den Programmfortlauf gemäss Abbildung 4.5.15 zur Folge hat.

5 Abschlussbetrachtung

Der im Rahmen dieser Diplomarbeit entwickelte CAN-Bus-Adapter ist im Gegensatz zu den am Markt befindlichen Produkten für den aktiven Eingriff in das CAN-Bus-System des Fahrzeugs konzipiert. Art und Umfang dieser Eingriffe werden lediglich durch Software festgelegt, sodass es erforderlich ist, fahrzeugspezifische Software- bzw. Firmware-Versionen zu erstellen und weitreichend zu testen. Eine Version, die beispielsweise für den Mercedes Benz SL funktioniert, kann beim Mercedes Benz ML schon wieder völlig untauglich sein. Ideal wäre hier ein Zugriff auf Daten der Hersteller, um von vornherein das Software-Design zu vereinfachen. Da dies aber schwierig sein dürfte, wird der Weg des „reverse engineering" in der Realität der einzig praktikable sein.

In der Produktdefinition und Vermarktung des Adapters wird daher auch der OEM- bzw. OES-Markt keine grosse Rolle spielen. Sinnvollerweise ist ein aus der Entwicklung resultierendes Produkt im after sales market (ASM) anzusiedeln, also im nicht-herstellergebundenen Zubehörgeschäft. Auch wenn dort die Auflagen und Anforderungen an Dokumentation, Qualitätssicherung und Produktgestaltung niedriger sein werden, als im Zuliefergeschäft (OEM oder OES), so sind auch im Bereich der ASM-Kunden bestimmte Voraussetzungen einzuhalten:

Seit dem Oktober 2002 ist dort zwingend das E-Zeichen (nach EG-Norm 95/54/EG) vorgeschrieben. Ferner verlangen die europäischen Richtlinien eine ordentliche Einbauanleitung in mehreren Sprachen. Die Funktionalität und die Betriebssicherheit werden überdies durch das KBA überwacht, das dem Hersteller mit dem E-Zeichen im schlimmsten Fall sogar eine Rückruf-Aktion auferlegen kann.

Hervorragende Einsatzmöglichkeiten für den CAN-Bus-Adapter bestehen im Bereich der Nachrüstung von Alarmanlagen und Ortungssystemen. Hier kann der Einsatz des Adapters den Einbau moderner Alarmanlagen deutlich beschleunigen. Bisher ist es erforderlich, an verschiedenen Punkten des Fahrzeugs sensorische Informationen wie „Motorhaube offen", Kofferraum offen" oder „Zündung an" abzugreifen. All diese Informationen sind auch einfach aus dem CAN-Bus auszulesen, sodass der Einbau von Alarmsystemen mit einem CAN-Bus-Interface kostengünstiger sein dürfte, als ohne. Eine vernünftige Preispolitik für dieses Produkt vorausgesetzt, könnten hier dauerhaft Marktanteile von anderen Anbietern von Alarmanlagen dazugewonnen werden.

Literaturverzeichnis

[Bos99] Informationsbroschüre „CAN - das Netzwerk für die Elektronik in Kraftfahrzeugen"; Robert Bosch GmbH Stuttgart; 1999

[Eng02] Horst Engels (Hrsg.): CAN-Bus - CAN-Bus-Technik einfach, anschaulich und praxisnah vorgestellt; Franzis Verlag; 2002

[Ets94] Konrad Etschberger (Hrsg.): CAN Controller-Area-Network – Grundlagen, Protokolle, Bausteine, Anwendungen; Carl Hanser Verlag München Wien; 1994

[Law94] Wolfhard Lawrenz (Hrsg.): CAN Controller-Area-Network – Grundlagen und Praxis; Hüthig GmbH Heidelberg; 1994

[Mül01] Dr. Bernd Müller: Die Zeit ist reif! - Zeitgesteuerte Kommunikation mit CAN; Seite 44 - 47; Zeitschrift Auto & Elektronik 2/2001

[Vec06] Firma Vector: Demo CD-Rom Networking tools and services for distributed systems; Vector Informatik GmbH Suttgart; 2006

Abbildungsverzeichnis

Tabellenverzeichnis

Zeitfracht Medien GmbH
Ferdinand-Jühlke-Straße 7
99095 Erfurt, Deutschland
produktsicherheit@kolibri360.de